SOLUTIONS

DES

EXERCICES ET PROBLÈMES

DU

COURS ÉLÉMENTAIRE D'ARITHMÉTIQUE

Les ouvrages suivants se trouvent aux mêmes adresses.

Livre-Tableau, format in-plano.
Syllabaire, in-18.
Premier livre de Lecture, in-18.
Syllabaire et Premier Livre, in-18.
Vie de N.-S. Jésus Christ, in-18.
Devoirs du Chrétien, in-12.
Lectures courantes, in-12.
* Lect. instructives (manuscrit), in-12.
Abregé de Grammaire, in-18.
Grammaire française, in-12.
Cours élem. d'Orthographe, in-12.
* Cours intermédiaire d'Orthographe, in-12.
* Cours d'Analyse, in-12.
* Exercices orthographiques, 2 v. in-12.
* Leçons de Langue française : Cours
    préparatoire, élémentaire, moyen,
    supérieur, 4 vol. in-12.
Petite Histoire sainte, in-18.
Cours moyen d'Histoire sainte, in-16.
Cours supérieur d'Hist. sainte, in-12.
Histoire sainte et de France, in-18.
Histoire sainte et de France, in-12.
Hist. de France : Cours élém., moyen,
    supér., 3 vol. (in-18, in-16, in-12).
Chronologie de l'Hist. de France, in-12.
45 Leçons de Géographie, in-12.
Petite Géographie, in-18.
Géographie : Cours élément., moyen,
    supérieur, 3 vol. (in-18, in-16, in-12).
Atlas A, de 8 cartes, in-8°.
Atlas B, C, D, E, in-4°, contenant :
    8, 14, 30, 36 cartes.

Petite Arithmétique, in-18.
Abregé d'Arithmétique, in-18.
* Exercices de Calcul, in-18.
* Recueil de Problèmes, in-18.
* Petit Système métrique, in-18.
* Les fractions, in-18.
* Traité d'Arithmétique décim., in-12.
Réponses aux Probl. du Traité, in-12.
* Arithmétique, Cours élémentaire,
    in-18.
* Arithmétique, Cours moyen, in-16.
* Arithmétique, Cours supér., in-12.
* Recueil de Problèmes, in-12.
* Géométrie, Cours élémentaire,
    in-12.
* Géométrie Cours moyen, in-12.
* Géométrie, Cours supérieur, En-
    seignement primaire, in-12.
Manuel d'Arpentage, in-12.
Petit Questionnaire, in-18.
Manuel des commençants, in-18.
* Cours élém., Tenue des Livres, in-12.
Chants pieux (texte), in-18.
Les mêmes, avec musique, in-18.
Éléments d'Arithmétique, d'Algèbre,
    de Géométrie, de Trigonométrie,
    d'Arpentage, de Géométrie descrip-
    tive, de Cosmographie, Mécanique,
    8 vol. in-12.
Exercices (maître) d'Arithmétique,
    d'Algèbre, de Géométrie, de Trigo-
    nométrie, de Géométrie descriptive,
    Mécanique, 6 vol. in-12.

Nota : Aux ouvrages marqués * correspond un Livre du Maître.

ENSEIGNEMENT PRIMAIRE

LIVRES CLASSIQUES RÉDIGÉS EN TROIS COURS GRADUÉS
POUR CHAQUE SÉRIE DU PROGRAMME OFFICIEL

SOLUTIONS

DES

EXERCICES ET PROBLÈMES

DU

COURS ÉLÉMENTAIRE D'ARITHMÉTIQUE

PAR

LES FRÈRES DES ÉCOLES CHRÉTIENNES

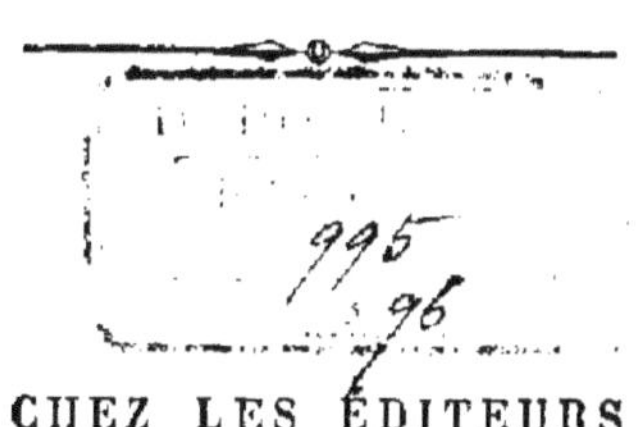

CHEZ LES ÉDITEURS

TOURS
ALFRED MAME & FILS
Imprimeurs-Libraires

PARIS
CH. POUSSIELGUE
Rue Cassette, 15

EXERCICES SUR LA NUMÉRATION

Les trente-deux premiers exercices étant purement oraux, nous nous abstenons d'en donner les réponses.

Nombres à écrire en chiffres.

33. *Deux, cinq, trois, neuf, quatre, huit, six, sept, dix.*
Rép. 2, 5, 3, 9, 4, 8, 6, 7, 10.

34. *Douze, onze, quinze, seize, dix-huit, treize, dix-sept, dix-neuf, quatorze, vingt.*
Rép. 12, 11, 15, 16, 18, 13, 17, 19, 14, 20.

Il n'y a aucun avantage à donner les réponses des exercices de 35 à 38, pas plus que celles des exercices de 40 à 46.

39. Écrire les nombres *vingt-cinq, trente-sept, quarante, cinquante-trois, soixante-cinq, soixante-dix-sept, quatre-vingt-cinq, quatre-vingt-dix-huit.*
Rép. 25, 37, 40, 53, 65, 77, 85, 98.

47. Écrire les nombres suivants : *Cent huit, trois cent neuf, cinq cent soixante-douze, huit cent vingt-trois, neuf cent neuf.*
Rép. 108, 309, 572, 823, 909.

48. *Mille trois cents, deux mille quatre cent quatre-vingt-deux, quatre mille quatre, cinq mille vingt-neuf.*
Rép. 1 300, 2 482, 4 004, 5 029.

49. *Mille huit cent quatre-vingt-cinq, deux mille six cent quatre-vingt-douze, huit mille quarante-sept.*
Rép. 1 885, 2 692, 8 047.

50. *Cinq mille six cent trois, neuf mille huit cents, dix mille sept cent quarante-cinq.*
Rép. 5 603, 9 800, 10 745.

51. *Douze mille huit cent trente-deux, quinze mille trois cent quinze, vingt mille un.*
Rép. 12 832, 15 315, 20 001.

52. *Trente-cinq mille cent quatre-vingt-douze, cinquante-huit mille trois cent dix-sept.*

Rép. 35192, 58317.

53. *Cent vingt-deux mille trois cent dix-neuf, cent mille quatre cent soixante-quinze.*

Rép. 122319, 100475.

54. *Six cent cinquante-quatre mille neuf cent soixante-onze, un million cinq cent dix-huit mille neuf, douze millions soixante-dix-sept mille six cent dix-huit.*

Rép. 654971, 1518009, 12077618.

55. *Vingt-trois millions cent quarante-neuf mille huit cent quatre-vingt-quinze, treize millions douze mille onze.*

Rép. 23149895, 13012011.

56. *Trois unités cinq dixièmes, huit unités quinze centièmes, vingt unités six dixièmes, huit centièmes, douze millièmes.*

Rép. 3,5   8,15   20,6   0,08   0,012.

57. *Douze unités cinq dixièmes, vingt-cinq unités cent dix-neuf millièmes, quarante-deux centièmes, cent vingt-cinq millièmes.*

Rép. 12,5   25,119   0,42   0,125.

58. *Cinquante-deux unités trente-cinq centièmes, quatre-vingt-dix unités douze centièmes, cent vingt-huit unités quatre-vingt-quatorze millièmes, trois centièmes.*

Rép. 52,35   90,12   128,94   0,03.

59. *Cent douze unités vingt-quatre millièmes, deux cents unités dix centièmes, treize millièmes, huit cent six millièmes.*

Rép. 112,024   200,10   0,013   0,806.

60. *Trois cent trente-cinq unités cent quarante-sept millièmes, quatre cent quinze unités, huit cent quatre-vingt-dix-huit unités douze millièmes, quatre-vingt-cinq centièmes, cent quarante-huit millièmes, vingt-neuf millièmes.*

Rép. 335,147   415   898,012   0,85   0,148   0,029.

EXERCICES SUR L'ADDITION

Les exercices de 61 à 68 sont oraux; nous n'en donnons pas les réponses.

Effectuer les additions suivantes :

69.	412 + 275	**Rép.**	687.	**92.**	763 + 129	**Rép.**	892.
70.	643 + 234	«	877.	**93.**	435 + 458	«	893.
71.	544 + 345	«	889.	**94.**	575 + 415	«	990.
72.	517 + 421	«	938.	**95.**	807 + 186	«	993.
73.	715 + 233	«	948.	**96.**	347 + 528	«	875.
74.	254 + 613	«	867.	**97.**	545 + 449	«	994.
75.	148 + 751	«	899.	**98.**	476 + 318	«	794.
76.	564 + 334	«	898.	**99.**	345 + 458	«	803.
77.	226 + 450	«	676.	**100.**	628 + 187	«	815.
78.	524 + 375	«	899.	**101.**	349 + 258	«	607.
79.	745 + 254	«	999.	**102.**	218 + 697	«	915.
80.	795 + 203	«	998.	**103.**	347 + 596	«	943.
81.	632 + 243	«	875.	**104.**	197 + 658	«	855.
82.	423 + 566	«	989.	**105.**	209 + 697	«	906.
83.	245 + 723	«	968.	**106.**	395 + 475	«	870.
84.	426 + 457	«	883.	**107.**	627 + 278	«	905.
85.	587 + 206	«	793.	**108.**	542 + 177	«	719.
86.	648 + 239	«	887.	**109.**	813 + 697	«	1 510.
87.	557 + 228	«	785.	**110.**	426 + 888	«	1 314.
88.	423 + 569	«	992.	**111.**	316 + 898	«	1 214.
89.	456 + 244	«	700.	**112.**	498 + 677	«	1 175.
90.	789 + 109	«	898.	**113.**	575 + 785	«	1 360.
91.	647 + 235	«	882.				

114.	348 + 175 + 212	**Rép.**	735.
115.	513 + 643 + 235	«	1 391.
116.	728 + 695 + 413	«	1 836.
117.	537 + 702 + 295	«	1 534.
118.	718 + 643 + 592	«	1 953.

119.	$147 + 295 + 378$	Rép.	820.
120.	$342 + 575 + 792$	«	1 709.
121.	$717 + 691 + 906$	«	2 314.
122.	$314 + 928 + 797$	»	2 039.
123.	$716 + 875 + 943$	«	2 534.
124.	$624 + 329 + 697$	«	1 650.
125.	$817 + 792 + 276$	«	1 885.
126.	$592 + 639 + 428$	«	1 659.
127.	$477 + 871 + 904$	«	2 252.
128.	$674 + 797 + 343$	«	1 814.
129.	$363 + 575 + 686$	«	1 624.
130.	$974 + 876 + 548$	«	2 398.
131.	$123 + 456 + 789$	«	1 368.
132.	$134 + 567 + 891$	«	1 592.
133.	$143 + 212 + 315 + 426$	«	1 096.
134.	$987 + 654 + 321 + 98$	«	2 060.
135.	$765 + 432 + 109 + 876$	«	2 182.
136.	$543 + 210 + 987 + 396$	«	2 136.
137.	$135 + 791 + 357 + 913$	«	2 196.
138.	$96 + 192 + 353 + 497 + 320$	«	1 458.
139.	$908 + 716 + 605 + 428 + 103$	«	2 760.
140.	$100 + 290 + 376 + 497 + 77$	«	1 349.
141.	$817 + 926 + 305 + 429 + 96$	«	2 573.
142.	$918 + 827 + 75 + 603 + 37$	«	2 460.
143.	$785 + 307 + 418 + 545 + 125 + 208$	«	2 388.
144.	$74 + 527 + 604 + 717 + 624 + 475$	«	3 021.
145.	$272 + 693 + 984 + 760 + 301 + 139$	«	3 149.
146.	$520 + 771 + 809 + 672 + 403 + 158$	«	3 333.
147.	$713 + 607 + 427 + 318 + 506 + 617$	«	3 188.
148.	$5,25 + 3,75 + 6,20 + 5,60$	«	20,80.
149.	$14,05 + 6,70 + 19,25 + 8,45$	«	48,45.
150.	$29,40 + 13,80 + 24,95 + 32,50$	«	100,65.
151.	$86,25 + 94,18 + 75,70 + 48,75$	«	304,88.
152.	$76,29 + 19,74 + 51,48 + 54,05$	«	201,56.
153.	$154,6 + 702,25 + 49,72 + 34,25$	«	940,82.
154.	$715,25 + 32,74 + 801,97 + 18,70$	«	1 568,66.
155.	$49,77 + 51,33 + 28,44 + 48,35$	«	177,89.
156.	$805,49 + 8,25 + 24,75 + 45,55$	«	884,04.
157.	$775,8 + 16,508 + 91,492 + 58,65$	«	942,45.

158. $6,45 + 7,21 + 8,42 + 7,65 + 16,25$ **Rép.** $45,98.$
159. $8,56 + 16,32 + 18,54 + 17,15 + 12,40$ « $72,97.$
160. $7,15 + 54,05 + 18,36 + 64,95 + 28,05$ « $172,56.$
161. $9,25 + 101,95 + 8,75 + 17,24 + 95,35$ « $232,54.$
162. $3,75 + 58,17 + 47,32 + 104,19 + 72,55$ « $285,98.$

Problèmes sur l'addition.

163. *Louis a 17 plumes dans une boîte et 25 dans une autre : combien a-t-il de plumes en tout ?*

Le nombre de plumes est $17 + 25$.

Rép. 42 plumes.

164. *Le mois de janvier a 31 jours, le mois de février 28 et le mois de mars 31 jours : combien ces trois mois ont-ils de jours ?*

Le nombre de jours est $31 + 28 + 31$.

Rép. 90 jours.

165. *Paul a 18 ans : quel âge aura-t-il dans 25 ans ?*

Son âge sera $18 + 25$.

Rép. 43 ans.

166. *Louis XIV, roi de France, est monté sur le trône en 1643, il est mort après 72 ans de règne : quelle a été l'année de sa mort ?*

L'année de sa mort a été $1643 + 72$.

Rép. 1715.

167. *Un entrepreneur reçoit deux voitures de plâtre ; la première contient 87 sacs et la seconde 79 : combien a-t-il reçu de sacs ?*

Il a reçu $87 + 79$.

Rép. 166 sacs.

168. *Quel est le prix de deux chevaux, sachant que l'un vaut 1 235 fr. et l'autre 985 francs ?*

Le prix est $1 235 + 985$.

Rép. 2 220 francs.

169. *Un épicier paye 328 fr. pour un sac de café, 137 fr. pour un sac de poivre et 26 fr. pour un sac de riz : combien a-t-il déboursé en tout ?*

Il a déboursé $328 + 137 + 26$.

Rép. 491 francs.

170. *La première classe d'une école a 35 élèves, la deuxième* *en a 48 et la troisième 56 : quel est le nombre d'élèves de cette école ?*

Ce nombre est 35 + 48 + 56.

Rép. 139 élèves.

171. *On demande le poids de 3 caisses, sachant que la première pèse 635 kilogr., la deuxième 593 kilogr. et la troisième 478 kilogrammes.*

Ce poids est 635 + 593 + 478.

Rép. 1 706 kilogrammes.

172. *Un boucher a acheté une vache 645 fr. et un bœuf qui vaut 277 fr. de plus : quel est le prix du bœuf ?*

Le prix du bœuf est 645 + 277.

Rép. 922 francs.

173. *Un fermier achète une voiture 672 fr., un cheval 490 fr. et les harnais du cheval 175 fr. : combien a-t-il dépensé en tout ?*

La dépense est 672 + 490 + 175.

Rép. 1 337 francs.

174. *Quelle est la contenance de 3 tonneaux, sachant que le premier contient 228 litres, le second 223 et le troisième 225 ?*

La contenance est 28 + 223 + 225.

Rép. 676 litres.

175. *Un propriétaire a acheté une maison 26 425 fr. : combien doit-il la revendre pour gagner 5 895 fr. ?*

Il doit la revendre 26 425 + 5 895.

Rép. 32 320 francs.

176. *On paye pour un sac de blé 35 fr. 65 cent., pour un sac de seigle 29 fr. 45 cent., pour un sac d'orge 27 fr. 70 cent. : combien a-t-on payé en tout ?*

On a payé 35,65 + 29,45 + 27,70.

Rép. 92 fr. 80 centimes.

177. *On met dans un sac 785 fr. en or, 496 fr. 50 cent. en argent et 17 fr. 80 cent. en monnaie de cuivre : quelle somme contient le sac ?*

Le sac contient 785 + 496,50 + 17,80.

Rép. 1 299 fr. 30 centimes.

178. *Un marchand achète une vieille armoire 95 fr. 25 cent., il y fait faire pour 18 fr. 50 cent. de réparations : combien doit-il la vendre pour gagner 17 francs ?*

Il doit la vendre 95,25 + 18,50 + 17.

Rép. 130 fr. 75 centimes.

EXERCICES SUR LA SOUSTRACTION

Les exercices de 179 à 186 sont oraux.

Effectuer les soustractions suivantes :

187.	954 — 323	**Rép.**	631.	**208.**	375 — 192	**Rép.**	183.
188.	697 — 352	«	345.	**209.**	872 — 625	«	247.
189.	739 — 618	«	121.	**210.**	819 — 721	«	98.
190.	843 — 722	«	121.	**211.**	943 — 618	«	325.
191.	397 — 182	«	215.	**212.**	975 — 429	«	546.
192.	918 — 713	«	205.	**213.**	747 — 328	«	419.
193.	548 — 523	«	25.	**214.**	553 — 267	«	286.
194.	198 — 72	«	126.	**215.**	635 — 254	«	381.
195.	275 — 124	«	151.	**216.**	826 — 149	«	677.
196.	879 — 613	«	266.	**217.**	651 — 378	«	273.
197.	978 — 224	«	754.	**218.**	225 — 97	«	128.
198.	789 — 333	«	456.	**219.**	803 — 618	«	185.
199.	675 — 171	«	504.	**220.**	774 — 190	«	584.
200.	756 — 642	«	114.	**221.**	375 — 198	«	177.
201.	567 — 125	«	442.	**222.**	810 — 325	«	485.
202.	765 — 215	«	550.	**223.**	925 — 698	«	227.
203.	918 — 113	«	805.	**224.**	802 — 708	«	94.
204.	819 — 311	«	508.	**225.**	627 — 198	«	429.
205.	540 — 310	«	230.	**226.**	325 — 287	«	38.
206.	497 — 145	«	352.	**227.**	492 — 325	«	167.
207.	719 — 348	«	371.	**228.**	918 — 682	«	236.

229.	2 908 — 1 839	**Rép.**	1 069.
230.	5 075 — 4 278	«	797.
231.	7 419 — 7 278	«	141.
232.	3 072 — 1 643	«	1 429.
233.	2 225 — 1 639	«	586.
234.	1 625 — 992	«	633.
235.	6 077 — 3 092	«	2 985.

236.	2 341 — 1 436	**Rép.**	905.
237.	18 705 — 9 648	«	9 057.
238.	20 732 — 18 695	«	2 037.
239.	34 072 — 27 237	«	6 835.
240.	41 200 — 40 325	«	875.
241.	54 321 — 12 345	«	41 976.
242.	67 890 — 61 991	«	5 899.
243.	80 735 — 75 648	«	5 087.
244.	92 704 — 87 358	«	5 346.
245.	19 625 — 8 941	«	10 684.
246.	37 092 — 29 486	«	7 606.
247.	7 845 — 1 872	«	5 973.
248.	7,92 — 6,85	«	1,07.
249.	12,74 — 9,28	«	3,46.
250.	18,25 — 13,76	«	4,49.
251.	9,40 — 8,75	«	0,65.
252.	16,24 — 9,95	«	6,29.
253.	3,75 — 1,96	«	1,79.
254.	18,15 — 17,75	«	0,40.
255.	39,25 — 9,75	«	29,50.
256.	74,05 — 38,74	«	35,31.
257.	3,148 — 1,695	«	1,453.
258.	12,025 — 9,406	«	2,619.
259.	28,406 — 25,975	«	2,431.
260.	9,48 — 3,745	«	5,735.
261.	16,25 — 9,628	«	6,622.
262.	49,5 — 29,751	«	19,749.
263.	426,25 — 375,148	«	51,102.
264.	308,745 — 79,48	«	229,265.
265.	1 000,851 — 916,95	«	83,901.
266.	916,15 — 875,45	«	40,70.

Problèmes sur l'addition et la soustraction.

1° Problèmes que l'élève doit résoudre mentalement.

267. *Louis a reçu une pièce de 5 fr. pour payer un livre de 3 fr. : que doit-on lui rendre ?*

On doit lui rendre 5 — 3.

Rép. 2 francs.

268. *L'homme adulte a 32 dents, l'enfant n'en a que 20 : combien l'homme adulte a-t-il de dents de plus que l'enfant*

L'homme a de plus 32 — 20.

Rép. 12 dents.

269. *Paul avait 15 fr., on lui donne 8 fr. : quelle somme a-t-il ?*

Il a 15 + 8.

Rép. 23 francs.

270. *Le mois de janvier a 31 jours, le mois de février n'en a que 28 : combien le mois de janvier a-t-il de jours de plus que le mois de février ?*

Il a de plus 31 — 28.

Rép. 3 jours.

271. *Un pantalon coûte 18 fr., un gilet coûte 11 fr. de moins : quel est le prix du gilet ?*

Le prix du gilet est 18 — 11.

Rép. 7 francs.

272. *Un gilet coûte 11 fr., un pantalon coûte 15 fr. de plus : quel est le prix du pantalon ?*

Le prix du pantalon est 11 + 15.

Rép. 26 francs.

273. *Auguste avait 24 lignes à étudier, il en sait 15 : combien en a-t-il encore à apprendre ?*

Il a encore à apprendre 24 — 15.

Rép. 9 lignes.

274. *Le pont de Bordeaux, sur la Garonne, a 17 arches; le pont Neuf, sur la Seine, en a 12 : combien ce dernier pont a-t-il d'arches de moins que le premier ?*

Il a de moins 17 — 12.

Rép. 5 arches.

275. *André a reçu une pièce de 10 fr. pour payer un cartable de 4 fr. et un livre de 3 fr. : quelle somme doit-on lui rendre ?*

André a à payer 4 + 3 ou 7 francs.
On doit donc lui rendre 10 — 7.

Rép. 3 francs.

276. *L'homme, en France, est majeur à 21 ans ; Antoine a 12 ans : dans combien d'années sera-t-il majeur ?*

Antoine sera majeur dans 21 — 12.

Rép. 9 ans.

277. *L'homme est majeur à 21 ans, Octave sera majeur dans 8 ans : quel est l'âge d'Octave ?*

L'âge d'Octave est 21 — 8.

Rép. 13 ans.

278. *Une bouteille pleine de vin coûte 75 centimes, la bouteille vide vaut 25 centimes : quelle est la valeur du vin ?*

La valeur du vin est 75 — 25.

Rép. 50 centimes.

279. *Un meuble ancien coûte 25 fr., on y fait pour 8 fr. de réparations et l'on veut gagner 6 fr. : combien doit-on le vendre ?*

On doit le vendre 25 + 8 + 6.

Rép. 39 francs.

280. *Combien une pièce de 20 fr. en or vaut-elle de plus qu'une pièce de 5 francs ?*

Elle vaut de plus 20 — 5.

Rép. 15 francs.

281. *Un franc vaut 100 centimes ; que manque-t-il à 75 cent. pour faire un franc ?*

Il manque 100 — 75.

Rép. 25 centimes.

282. *Jules avait une pièce de 20 fr., il achète un perroquet qui vaut 9 fr. et une cage qui coûte 7 fr. : quelle somme lui reste-t-il ?*

Jules dépense 9 + 7, ou 16 francs.
Il lui reste donc 20 — 16.

Rép. 4 francs.

283. *Un siècle a 100 ans : combien manque-t-il d'années à un vieillard de 83 ans pour avoir vécu un siècle ?*

Il manque au vieillard 100 — 83.

Rép. 17 ans.

284. *Quel est le prix total de 2 moutons, sachant que l'un coûte 24 fr. et que l'autre coûte 4 fr. de moins ?*

Le second mouton coûte 24 — 4 ou 20 francs.
Le prix total est donc 24 + 20.

Rép. 44 francs.

2° Problèmes à résoudre par écrit.

285. *Étienne a 13 ans, sa sœur en a 11 et son frère 15 : quelle est la somme des trois âges ?*

La somme est 13 + 11 + 15.

Rép. 39 ans.

286. *Louis XV, roi de France, est mort en 1774, il était monté sur le trône en 1715 : pendant combien d'années a-t-il régné ?*

Louis XV a régné pendant 1774 — 1715.

Rép. 59 ans.

287. *Une maison a été achetée 18 790 fr., on l'a revendue 24 355 fr. : combien a-t-on gagné ?*

On a gagné 24 355 — 18 790.

Rép. 5 565 francs.

288. *Un cultivateur a récolté 3 520 gerbes ; il en a battu d'abord 1 280, puis 1 550 : combien en a-t-il encore à battre ?*

Il a battu 1 280 + 1 550, soit 2 830 gerbes ;
Il a encore à battre 3 520 — 2 830.

Rép. 690 gerbes.

289. *De Paris à Lyon il y a 512 kilomètres ; un voyageur a déjà fait 385 kilomètres : combien en a-t-il encore à faire ?*

Il a encore à faire 512 — 385.

Rép. 127 kilomètres.

290. *De Paris à Lyon il y a 512 kilomètres : combien un voyageur a-t-il parcouru de kilomètres s'il en a encore 277 à parcourir ?*

Il a à parcourir 512 — 277.

Rép. 235 kilomètres.

291. *Ambroise avait 15 fr. lorsque sa maman lui donna 12 fr. ; alors il achète un fusil qui lui coûte 18 fr. : que lui reste-t-il ?*

Ambroise avait 15 + 12, soit 27 francs.
Il lui reste 27 — 18.

Rép. 9 francs.

292. *Un marchand a acheté 10 000 oranges, on lui en a livré 5 426 : combien lui en doit-on encore ?*

On lui doit 10 000 — 5 426.

Rép. 4 574 oranges.

293. *Un tonneau contenait 220 litres de vin, on en a retiré 105 litres, puis 70 litres, puis 18 litres : combien en reste-t-il encore ?*

On a retiré 105 + 70 + 18 ou 193 litres.
Il reste encore 220 — 193.

Rép. 27 litres.

294. *Un épicier avait 84 kilogrammes de sucre lorsqu'il en* reçoit 100 *kilogrammes ; alors il en vend* 116 *kilogr. : combien en a-t-il encore ?*

L'épicier avait 84 + 100 ou 184 kilogrammes.
Il lui reste 184 — 116.

Rép. 68 kilogrammes.

295. *Émile reçoit* 20 *fr. pour payer un livre qui coûte* 3 *fr. et une boite de dessin qui vaut* 12 *fr.* 75 : *quelle somme devra-t-il rendre à sa mère ?*

Émile avait à payer 3 + 12,75 ou 15 fr. 75.
Il devra rendre 20 — 15,75.

Rép. 4 fr. 25 centimes.

296. *Une fontaine donne* 4 850 *litres d'eau par jour, une autre ne donne que* 3 945 *litres dans le même temps : combien la première donne-t-elle de litres de plus que la seconde ?*

La première donne de plus 4 850 — 3 945.

Rép. 905 litres.

297. *Une école a* 3 *classes : la première compte* 35 *élèves, la deuxième* 64, *et la troisième* 86 : *quel est le nombre d'élèves de cette école ?*

Le nombre total est 35 + 64 + 86.

Rép. 185 élèves.

298. *Une école de* 4 *classes compte* 310 *élèves : la première en a* 51, *la seconde* 67, *la troisième* 88 : *quel est le nombre d'élèves de la quatrième ?*

Les trois premières classes ont 51 + 67 + 88, ou 206 élèves ;
La quatrième aura 310 — 206.

Rép. 104 élèves.

299. *Quelle somme doit-on débourser pour payer une table de* 16 *fr.* 25, *une armoire de* 24 *fr.* 75 *et un fauteuil de* 18 *fr.* 50?

On a à débourser 16,25 + 24,75 + 18,50.

Rép. 59 fr. 50.

300. *Un négociant achète* 980 *kilogrammes de café, on lui livre trois sacs qui pèsent, le premier* 125 *kilogr., le second* 138 *kilogr., et le troisième* 128 *kilogr. : combien doit-on encore lui livrer de kilogrammes ?*

On lui a livré 125 + 138 + 128, soit 391 kilogrammes.
On lui doit encore livrer 980 — 391.

Rép. 589 kilogrammes.

301. *Dans une bourse il y avait* 18 *fr.* 50, *on en a retiré* 12 *fr., puis on y a mis* 20 *fr.* 75 : *quelle somme y a-t-il alors dans la bourse ?*

Il reste dans la bourse 18,50 — 12 ou 6 fr. 50.

Il y a enfin 6,50 + 20,75.

Rép. 27 fr. 25.

302. *Une famille a reçu 28 fr. 50 pour le travail de la se-maine, et elle a dépensé pour 3 fr. 25 de pain, pour 6 fr. 50 de viande, et pour 9 fr. d'autres provisions : quelle somme reste-t-il?*

Les dépenses sont 3,25 + 6,50 + 9, soit 18 fr. 75.
Il reste encore 28,50 — 18,75.

Rép. 9 fr. 75.

303. *Que reste-t-il à un ouvrier qui vient de recevoir 180 fr. pour un mois de travail, s'il a dépensé 48 fr. pour sa nourri-ture, 20 fr. pour son loyer, 45 fr. 60 pour son habillement, et pour divers frais 17 fr. 45?*

L'ouvrier a dépensé 48 + 20 + 45,60 + 17,45, soit 131 fr. 05.
Il lui reste 180 — 131,05.

Rép. 48 fr. 95.

304. *Un marchand a reçu dans une journée les sommes suivantes : 3 fr. 75, 8 fr. 50, 2 fr. 80, 5 fr., 7 fr. 60, et il a dé-boursé une fois 6 fr. 30, et une autre fois 9 fr. 35 : que lui reste-t-il?*

Recettes 3,75 + 8,50 + 2,80 + 5 + 7,60 ou 27 fr. 65.
Dépenses 6,30 + 9.35, soit 15 fr. 65.
Reste 27,65 — 15,65.

Rép. 12 francs.

EXERCICES SUR LA MULTIPLICATION

Effectuer les multiplications suivantes :

305.	24×42	**Rép.**	1 008.	**311.**	48×97	**Rép.**	4 656.
306.	47×53	«	2 491.	**312.**	98×49	«	4 802.
307.	68×75	«	5 100.	**313.**	76×56	«	4 256.
308.	59×38	«	2 242.	**314.**	95×67	«	6 365.
309.	94×79	«	7 426.	**315.**	125×43	«	5 375.
310.	75×68	«	5 100.	**316.**	508×54	«	27 432.

317.	723 × 68	Rép.	49 164.	**326.**	243 × 527	Rép.	128 061.
318.	935 × 74	«	69 190.	**327.**	196 × 306	«	59 976.
319.	627 × 56	«	35 112.	**328.**	457 × 149	«	68 093.
320.	438 × 67	«	29 346.	**329.**	568 × 97	«	55 096.
321.	908 × 96	«	87 168.	**330.**	747 × 405	«	302 535.
322.	297 × 69	«	20 493.	**331.**	694 × 340	«	235 960.
323.	709 × 78	«	55 302.	**332.**	975 × 408	«	397 800.
324.	376 × 89	«	33 464.	**333.**	809 × 647	«	523 423.
325.	349 × 632	«	220 568.	**334.**	678 × 987	«	669 186.

335.	3 214 × 58	Rép.	186 412.
336.	9 604 × 123	«	1 181 292.
337.	8 975 × 340	«	3 051 500.
338.	4 396 × 354	«	1 556 184.
339.	6 078 × 970	«	5 895 660.
340.	3 875 × 425	«	1 646 875.
341.	8 375 × 605	«	5 066 875.
342.	4 307 × 96	«	413 472.
343.	7 625 × 328	«	2 501 000.
344.	5 632 × 429	«	2 416 128.
345.	9 435 × 743	«	7 010 205.
346.	8 765 × 432	«	3 786 480.
347.	8 723 × 549	«	4 788 927.
348.	3 257 × 496	«	1 615 472.
349.	7 497 × 548	«	4 108 356.
350.	7 538 × 778	«	5 864 564.
351.	9 630 × 745	«	7 174 350.
352.	2 968 × 345	«	1 023 960.
353.	7 420 × 456	«	3 383 520.
354.	4 798 × 567	«	2 720 466.
355.	3 974 × 678	«	2 694 372.
356.	9 638 × 789	«	7 604 382.
357.	8 329 × 945	«	7 870 905.
358.	6 327 × 497	«	3 144 519.
359.	9 409 × 728	«	6 849 752.
360.	6 548 × 967	«	6 331 916.
361.	9 632 × 548	«	5 278 336.
362.	2 863 × 752	«	2 152 976.
363.	3 549 × 647	«	2 296 203.
364.	2 987 × 782	«	2 335 834.

365.	$3\,907 \times 809$	**Rép.**	$3\,160\,763.$
366.	$5\,637 \times 947$	«	$5\,338\,239.$
367.	$7\,725 \times 918$	«	$7\,091\,550.$
368.	$6\,839 \times 493$	«	$3\,371\,627.$
369.	$2\,794 \times 637$	«	$1\,779\,778.$
370.	$8\,396 \times 594$	«	$4\,987\,224.$
371.	$5\,490 \times 784$	«	$4\,304\,160.$
372.	$9\,798 \times 629$	«	$6\,162\,942.$
373.	$8\,487 \times 796$	«	$6\,755\,652.$
374.	$7\,659 \times 989$	«	$7\,574\,751.$
375.	$83\,706 \times 345$	«	$28\,878\,570.$
376.	$13\,948 \times 798$	«	$11\,130\,504.$
377.	$24\,097 \times 345$	«	$8\,313\,465.$
378.	$38\,409 \times 539$	«	$20\,702\,451.$
379.	$77\,890 \times 795$	«	$61\,922\,550.$
380.	$56\,976 \times 638$	«	$36\,350\,688.$
381.	$40\,740 \times 375$	«	$15\,277\,500.$
382.	$75\,320 \times 578$	«	$43\,534\,960.$
383.	$32\,954 \times 843$	«	$27\,780\,222.$
384.	$17\,679 \times 981$	«	$17\,343\,099.$
385.	$25\,075 \times 1\,032$	«	$25\,877\,400.$
386.	$32\,425 \times 3\,407$	«	$110\,471\,975.$
387.	$24\,932 \times 5\,690$	«	$141\,863\,080.$
388.	$75\,907 \times 4\,806$	«	$364\,809\,042.$
389.	$19\,975 \times 5\,840$	«	$116\,654\,000.$
390.	$27\,078 \times 6\,975$	«	$188\,869\,050.$
391.	$39\,490 \times 7\,968$	«	$314\,656\,320.$
392.	$42\,350 \times 3\,845$	«	$162\,870\,555.$
393.	$76\,495 \times 2\,357$	«	$180\,298\,715.$
394.	$58\,378 \times 5\,678$	«	$331\,470\,284.$
395.	$846 \times 3,7$	«	$3\,130,2.$
396.	$975 \times 74,8$	«	$72\,930.$
397.	$825 \times 85,9$	«	$70\,867,5$
398.	$748 \times 35,9$	«	$26\,853,2$
399.	$4,57 \times 78,5$	«	$358,745.$
400.	$342,5 \times 62,9$	«	$21\,543,25.$
401.	$849,6 \times 34,55$	«	$29\,353,68.$
402.	$728,8 \times 60,8$	«	$44\,311,04.$
403.	$975,7 \times 38,9$	«	$37\,954,73.$

404.	850,7 × 63,54	**Rép.**	54 625,338.
405.	48,32 × 72,5	«	3 503,2.
406.	162,05 × 47,6	«	7 713,58.
407.	243,25 × 48,32	«	11 753,84.
408.	3 964,2 × 6,28	«	24 895,176.
409.	763,75 × 2,45	«	1 871,187 5.
410.	133,48 × 3,25	«	433,81.
411.	96,254 × 0,697	«	67,089 038.
412.	30,196 × 807,3	«	24 377,230 8.
413.	842,50 × 6,39	«	5 383,575.
414.	7 420,8 × 0,637	«	4 727,049 6.

Problèmes sur l'addition, la soustraction et la multiplication.

1° Problèmes que l'élève doit résoudre mentalement.

415. *Un sou vaut 5 centimes : combien y a-t-il de centimes dans 3 sous, dans 6 sous, dans 8 sous, dans 7 sous, dans 9 sous, dans 11 sous, dans 20 sous ?*

> **Rép.** Dans 3 sous il y a 15 cent., dans 6 sous, 30 cent.
> Dans 8   «   40 «   dans 7 «   35 «
> Dans 9   «   45 «   dans 11 «   55 «
> Dans 20   «   100 «

416. *Une lieue a 4 kilomètres : combien y a-t-il de kilom. dans 5 lieues, dans 8 lieues, dans 6 lieues, dans 9 lieues, dans 11 lieues, dans 20 lieues ?*

> **Rép.** Dans 5 lieues il y a 20 kilom., dans 8 lieues 32 kilom.
> Dans 6   «   24 «   dans 9 «   36 «
> Dans 11   «   44 «   dans 20 «   80 «

417. *Une semaine a 7 jours : combien y a-t-il de jours dans 4 semaines, dans 6 semaines, dans 8 semaines, dans 9 semaines, dans 11 semaines, dans 20 semaines, dans 30 semaines.*

> **Rép.** Dans 4 sem. il y a 28 jours, dans 6 sem. 42 jours.
> Dans 8   «   56 «   dans 9 «   63 «
> Dans 11   «   77 «   dans 20 «   140 «
> Dans 30   «   210 «

418. *Lorsqu'une tablette de chocolat coûte 3 fr., combien coûteront 4 tablettes, 7 tablettes, 9 tablettes, 11 tablettes, 15 tablettes, 20 tablettes ?*

> **Rép.** 4 tablettes coûteront 12 francs, 7 tablettes, 21 francs.
> 9   «   27 «   11 «   33 «
> 15   «   45 «   20 «   60 «

419. *Pour payer un chapeau on donne une pièce de 5 fr. et deux pièces de 2 fr. : quel est le prix du chapeau?*

Le prix est 5 + 4.

Rép. 9 francs.

420. *Un livre vaut 3 fr., un second livre vaut le double du premier : quelle somme faut-il pour payer ces deux livres ?*

Le prix du livre est 3 + 6.

Rép. 9 francs.

421. *Un homme doit 22 fr. ; pour les payer il donne 5 pièces de 5 fr. : que doit-on lui rendre ?*

On doit lui rendre 25 — 22.

Rép. 3 francs.

422. *Un ouvrier avait 4 pièces de 10 fr., il n'a plus maintenant que 7 fr. : quelle somme a-t-il dépensée ?*

Il a dépensé 40 — 7.

Rép. 33 francs.

423. *Un enfant avait 3 pièces de 5 fr., il a dépensé 12 fr. : que lui reste-t-il ?*

Il lui reste 15 — 12.

Rép. 3 francs.

424. *Paul a reçu une pièce de 50 cent. pour payer 3 cahiers de 10 cent. : combien doit-on lui rendre?*

On doit lui rendre 50 — 30.

Rép. 20 centimes.

425. *Une cuisinière achète un poulet 3 fr. et une pièce de beurre 2 fr. 50 : combien lui manque-t-il pour payer ses achats si elle n'a que 5 francs ?*

Prix d'achat 3 + 2,50 ou 5 fr. 50.
Il lui manque 5,50 — 5.

Rép. 50 centimes.

426. *Que reste-t-il d'un cent d'œufs quand on en a vendu 5 douzaines ?*

5 douzaines font 5 × 12 ou 60.
Il reste donc 100 — 60.

Rép. 40 œufs.

427. *Quelle somme font 12 pièces de 10 fr. et 3 pièces de 5 francs ?*

12 pièces de 10 fr. font 120 fr., et 3 pièces de 5 fr. 15 fr.
Toutes les pièces font 120 + 15.

Rép. 135 francs.

428. *Un miroir a été acheté* 3 *fr.* 25, *le cadre vaut* 1 *fr.* 25 : *quel est le prix de la glace ?*

Le prix de la glace est 3,25 — 1,25.

Rép. 2 francs.

429. *Un serin vaut* 2 *fr., un perroquet vaut le triple : quel est le prix total des deux oiseaux ?*

Le prix total est 2 + 6.

Rép. 8 francs.

430. *Ernest reçoit* 1 *fr. pour acheter* 4 *timbres de* 15 *cent. et* 3 *timbres de* 10 *cent. : que doit-on lui rendre ?*

Le prix des timbres est 60 + 30 ou 90 centimes.
On doit rendre à Ernest 100 — 90.

Rép. 10 centimes.

2° Problèmes à résoudre par écrit.

431. *Une semaine a* 7 *jours : combien y a-t-il de jours dans* 68 *semaines ?*

Dans 68 semaines il y a 7×68.

Rép. 476 jours.

432. *Quel est le triple du nombre* 365 ?

Le triple est 365×3.

Rép. 1 095 jours.

433. *Combien coûtent* 8 *mètres de drap à* 17 *fr. le mètre ?*

Ils coûtent 8×17.

Rép. 136 francs.

434. *Une pièce de* 5 *fr. en argent pèse* 25 *grammes : combien pèsent* 45 *pièces ?*

45 pièces pèsent 25×45.

Rép. 1 125 grammes.

435. *Combien doit-on payer pour* 3 *arbres, sachant que le premier coûte* 45 *fr. et chacun des autres* 38 *fr. ?*

On doit payer 45 + 38 + 38.

Rép. 121 francs.

436. *Un tonneau contient* 228 *litres : combien y a-t-il de litres dans* 36 *tonneaux ?*

Il y a 228×36.

Rép. 8 208 litres.

437. *Combien doit-on payer pour* 3 *douzaines de chemises, à raison de* 4 *fr. la chemise ?*

On doit payer 36×4.

Rép. 144 francs.

438. *Un ouvrier gagne 6 fr. 50 par jour, son fils aîné gagne 2 fr. 50 : quelle somme faudra-t-il pour leur payer 12 journées de travail ?*

Le gain de la journée est $6,50 + 2,50$ ou **9 fr.**
Pour payer 12 journées il faudra 9×12.

Rép. 108 francs.

439. *Un marchand a vendu 350 planches, il en a déjà livré 3 voitures qui contiennent chacune 75 planches : combien en doit-il encore ?*

Il a déjà livré 75×3 ou 225 planches.
Il doit encore en livrer $350 - 225$.

Rép. 125 planches.

440. *Combien doit-on payer pour 18 **sacs de blé** à 28 fr. 50, et 12 sacs d'orge à 24 fr. ?*

Prix du blé $28,50 \times 18$, soit 513 fr.
Prix de l'orge 12×24, « 288 fr.
Prix total $513 + 288$.

Rép. 801 francs.

441. *Que doit-on débourser pour payer 135 **kilogrammes** de pain à 0 fr. 45 le kilogr. ?*

On doit débourser $135 \times 0,45$.

Rép. 60 fr. 75.

442. *Un couvreur gagne 5 fr. 75 par jour : combien aura-t-il gagné en 36 jours ?*

Il aura gagné $5,75 \times 36$.

Rép. 207 francs.

443. *Que doit-on rendre à un voyageur qui donne 15 fr. pour payer 3 places à raison de 4 fr. 50 la place ?*

Les places coûtent $4,50 \times 3$ ou 13 fr. 50.
On doit rendre $15 - 13,50$.

Rép. 1 fr. 50.

444. *Quelle somme faut-il pour payer des souliers qui coûtent 12 fr. 50 et des bottes qui valent 12 fr. de plus que les souliers ?*

Il faut $12,50 + 12,50 + 12$.

Rép. 37 francs.

445. *Un régiment de cavalerie compte 784 chevaux : quel est le prix de ces chevaux, si chaque cheval vaut 578 fr. ?*

Le prix total est 784×578.

Rép. 453 152 fr.

446. *Le poêle de la classe coûte 18 fr. 25, les tuyaux coûtent 6 fr. 25 : quel est le prix du tout ?*

Le prix du tout est $18,25 + 6,25$.

Rép. 24 fr. 50.

447. *Une fontaine donne* 3 419 *litres par heure : combien en donne-t-elle en* 24 *heures ?*

Elle donnera 3 419 × 24.

Rép. 82 056 litres.

448. *Un jour a* 24 *heures : combien y a-t-il d'heures dans deux mois de* 30 *jours et un mois de* 31 *?*

Nombre de jours 30 + 30 + 31, soit 91 jours.
Nombre d'heures 91 × 24.

Rép. 2 184 heures.

449. *Un régiment compte* 2 385 *hommes : combien y a-t-il d'hommes dans* 144 *régiments ?*

Il y a 2 385 × 144.

Rép. 343 440 hommes.

450. *Dans une usine on brûle* 3 675 *kilogr. de charbon par jour : combien en brûlera-t-on pendant* 2 *mois, l'un de* 31 *jours, l'autre de* 28 *?*

Les deux mois ont 31 + 28, soit 59 jours.
On brûlera 3 675 × 59.

Rép. 216 825 kilogrammes.

451. *Quel est le nombre de harengs contenus dans* 129 *tonneaux, si un tonneau en renferme* 954 *?*

Ce nombre est 954 × 129.

Rép. 123 066 harengs.

452. *Un litre d'eau de mer pèse* 1 025 *grammes, un litre d'eau ordinaire pèse* 1 000 *gram. : combien* 15 *litres d'eau de mer pèsent-ils plus que* 15 *litres d'eau ordinaire ?*

Différence des deux poids 1025 — 1000 ou 25 grammes.
Poids demandé 25 × 15.

Rép. 375 grammes.

453. *Une maison a* 14 *croisées, chaque croisée a* 6 *carreaux, et chaque carreau coûte* 2 fr. 45 : *quel est le prix de tous ces carreaux ?*

Nombre de carreaux 14 × 6, soit 84 carreaux.
Prix total 84 × 2, 45.

Rép. 205 fr. 80.

454. *On a acheté* 15 *tonneaux renfermant* 225 *litres de vin : quelle somme retirera-t-on si l'on vend le litre de vin* 0 fr. 45 ?

Les tonneaux renferment 225 × 15, soit 3 375 litres.
Prix du vin 3 375 × 0,45.

Rép. 1 518 fr. 75.

455. *Un coutelier vend* 6 *douzaines de couteaux à raison de*

1 fr. 25 le couteau, et 3 douzaines de rasoirs à raison de 2 fr. 25
le rasoir : quel argent retirera-t-il de cette vente ?

Prix des couteaux 72 $\times$ 1,25, soit 90 fr.
Prix des rasoirs 36 $\times$ 2,25,   « 81 fr.
Prix total 90 + 81.

Rép. 171 francs.

EXERCICES SUR LA DIVISION

Effectuer les divisions suivantes :

456.	712 : 2	**Rép.**	356.	**471.**	7 425 : 9	**Rép.**	825.
457.	912 : 3	«	304.	**472.**	4 537 : 2	«	2 268,5.
458.	914 : 2	«	457.	**473.**	5 792 : 4	«	1 448.
459.	7 641 : 3	«	2 547.	**474.**	3 399 : 6	«	566,5.
460.	9 736 : 4	«	2 434.	**475.**	5 324 : 8	«	665,5.
461.	8 915 : 5	«	1 783.	**476.**	6 759 : 5	«	1 351,8.
462.	7 724 : 4	«	1 931.	**477.**	3 949 : 4	«	987,25.
463.	3 910 : 5	«	782.	**478.**	7 533 : 6	«	1 255,5.
464.	3 432 : 6	«	572.	**479.**	9 754 : 8	«	1 219,25.
465.	6 461 : 7	«	923.	**480.**	5 033 : 7	«	719.
466.	7 140 : 6	«	1 190.	**481.**	4 931 : 4	«	1 232,75.
467.	3 885 : 7	«	555.	**482.**	8 739 : 6	«	1 456,5.
468.	9 656 : 8	«	1 207.	**483.**	9 117 : 9	«	1 013.
469.	3 438 : 9	«	382.	**484.**	2 501 : 5	«	500,2.
470.	7 728 : 8	«	966.	**485.**	7 741 : 8	«	967,625.

486.	5 665 : 11	**Rép.**	515.	**493.**	8 240 : 16	**Rép.**	515.
487.	7 224 : 12	«	602.	**494.**	6 360 : 24	«	265.
488.	9 339 : 11	«	849.	**495.**	7 625 : 25	«	305.
489.	5 328 : 12	«	444.	**496.**	7 712 : 32	«	241.
490.	7 319 : 13	«	563.	**497.**	6 342 : 21	«	302.
491.	8 498 : 14	«	607.	**498.**	9 471 : 33	«	287.
492.	7 365 : 15	«	491.	**499.**	9 415 : 35	«	269.

500.	8 064 : 42	**Rép.**	192.	**508.**	6 784 : 53	**Rép.**	128.
501.	4 824 : 36	«	134.	**509.**	7 504 : 56	«	134.
502.	8 944 : 43	«	208.	**510.**	8 418 : 61	«	138.
503.	3 825 : 45	«	85.	**511.**	8 910 : 66	«	135.
504.	9 984 : 48	«	208.	**512.**	5 916 : 87	«	68.
505.	7 700 : 50	«	154.	**513.**	6 351 : 73	«	87.
506.	6 264 : 54	«	116.	**514.**	8 064 : 84	«	96.
507.	6 834 : 51	«	134.	**515.**	7 584 : 96	«	79.

516.	7 421 : 34	**Rép.** 218	**Reste**	9.
517.	3 700 : 42	« 88	«	4.
518.	5 945 : 26	« 228	«	17.
519.	9 675 : 17	« 569	«	2.
520.	3 951 : 37	« 106	«	29.
521.	7 695 : 28	« 274	«	23.
522.	6 421 : 38	« 168	«	37.
523.	9 075 : 47	« 193	«	4.
524.	3 743 : 19	« 197	«	0.
525.	8 747 : 51	« 171	«	26.
526.	8 732 : 63	« 138	«	38.
527.	7 900 : 58	« 136	«	12.
528.	9 570 : 39	« 245	«	15.
529.	9 287 : 47	« 197	«	28.
530.	9 907 : 57	« 173	«	46.

Calculer jusqu'aux dixièmes.

531.	13 651 : 7	**Rép.** 1 950,4	**Reste** 3	dixièmes.
532.	42 348 : 9	« 4 705,3	« 3	«
533.	19 975 : 11	« 1 815,9	« 1	«
534.	34 025 : 17	« 2 001,4	« 12	«
535.	75 216 : 32	« 2 350,5	« 0	«
536.	10 075 : 19	« 530,2	« 12	«
537.	25 347 : 56	« 452,6	« 14	«
538.	39 027 : 43	« 907,6	« 2	«
539.	77 250 : 68	« 1 136,1	« 42	«
540.	95 074 : 75	« 1 267,6	« 40	«
541.	25 017 : 47	« 532,2	« 36	«
542.	32 904 : 56	« 587,5	« 40	«
543.	10 901 : 37	« 294,6	« 8	«

544.	27 300 : 45	**Rép.**	606,6	Reste	30 dixièmes.	
545.	10 000 : 72	«	138,8	«	64	«
546.	3 645 : 342	«	10,6	«	198	«
547.	6 428 : 315	«	20,4	«	20	«
548.	7 639 : 625	«	12,2	«	140	«
549.	8 706 : 308	«	21,3	«	156	«
550.	7 492 : 506	«	14,8	«	32	«
551.	6 375 : 871	«	7,3	«	167	«
552.	9 256 : 328	«	28,2	«	64	«
553.	8 715 : 445	«	19,5	«	375	«
554.	7 697 : 528	«	14,5	«	410	«
555.	3 621 : 148	«	24,4	«	98	«
556.	9 800 : 319	«	30,7	«	67	«
557.	4 835 : 721	«	6,7	«	43	«
558.	5 257 : 852	«	6,1	«	598	«
559.	9 054 : 295	«	30,6	«	270	«
560.	6 843 : 197	«	34,7	«	71	«

Calculer jusqu'aux centièmes.

561.	4 913 : 54	**Rép.**	90,98	Reste	8 centièmes.	
562.	3 254 : 32	«	101,68	«	24	«
563.	7 651 : 227	«	33,70	«	110	«
564.	9 853 : 506	«	19,47	«	118	«
565.	7 097 : 810	«	8,76	«	140	«
566.	9 357 : 635	«	14,73	«	345	«
567.	7 908 : 748	«	10,57	«	164	«
568.	34 617 : 84	«	412,10	«	60	«
569.	27 039 : 178	«	151,90	«	80	«
570.	17 936 : 851	«	21,7	«	545	«
571.	10 857 : 48	«	226,18	«	36	«
572.	25 369 : 57	«	445,07	«	1	«
573.	49 207 : 125	«	393,65	«	85	«
574.	19 057 : 408	«	46,70	«	340	«
575.	70 936 : 841	«	84,34	«	606	«
576.	95 064 : 357	«	266,28	«	204	«
577.	21 141 : 617	«	34,26	«	238	«
578.	32 859 : 941	«	34,91	«	869	«
579.	56 090 : 527	«	106,43	«	139	«
580.	37 948 : 834	«	45,50	«	100	«

581.	96,54	: 37	**Rép.**	2,60	Reste	34	centièmes.	
582.	150,32	: 58	«	2,59	«	10	«	
583.	4 832,5	: 1,64	«	2 946,64	«	1,04	«	
584.	5 900,9	: 8,42	«	700,81	«	7,98	«	
585.	170,96	: 7,83	«	21,83	«	3,11	«	
586.	374,54	: 16,4	«	22,83	«	12,8	«	
587.	9 640,0	: 48,3	«	198,58	«	28,6	«	
588.	54,381	: 6,19	«	8,78	«	3,28	«	
589.	84,536	: 0,147	«	575,07	«	0,071	«	
590.	9 621,8	: 0,631	«	15 248,49	«	0,281	«	

Problèmes sur les quatre opérations arithmétiques.

1° Problèmes que l'élève doit résoudre mentalement.

591. *Un sou vaut 5 centimes : combien y a-t-il de sous dans 15 centimes, dans 25 centimes, dans 45 centimes, dans 55 centimes ?*

    Rép. Dans 15 cent. il y a 3 sous, dans 25 cent. 5 sous.
        « 45 cent. « 9 sous, « 55 cent. 11 sous.

592. *Un rasoir coûte 3 fr. : combien coûteront 5 rasoirs, 6 rasoirs, 9 rasoirs, 11 rasoirs ?*

    Rép. 5 rasoirs coûteront 15 fr., 6 rasoirs, 18 fr.
        9 « 27 fr., 11 « 33 fr.

593. *Une semaine a 7 jours : combien y a-t-il de semaines dans 21 jours, dans 35 jours, dans 49 jours, dans 70 jours ?*

    Rép. Dans 21 j. il y a 3 semaines; dans 35 j. 5 semaines.
        « 49 j. « 7 semaines; « 70 j. 10 «

594. *Un chapeau de paille coûte 4 fr. : combien aura-t-on de chapeaux pour 12 fr., pour 20 fr., pour 32 fr., pour 44 fr. ?*

    Rép. Pour 12 fr. on aura 3 chap., pour 20 fr. 5 chap.
        « 32 fr. « 8 chap., « 44 fr. 11 chap.

595. *Un ouvrier gagne 6 fr. par jour : combien aura-t-il gagné après 4 jours, après 8 jours, après 10 jours, après 11 jours de travail ?*

    Rép. Après 4 jours, 24 fr., après 8 jours, 48 fr.
        « 10 « 60 fr., « 11 « 66 fr.

596. *Une paire de souliers coûte 8 fr. : combien aura-t-on de paires de souliers pour 24 fr., pour 40 fr., pour 56 fr., pour 80 francs ?*

    Rép. Pour 24 fr. on aura 3 paires, pour 40 fr. 5 paires.
        « 56 fr. « 7 paires, « 80 fr. 10 paires.

597. *Quels sont les trois quarts de 24, de 16, de 40 ?*

Rép. Le quart de 24 est 6, les trois quarts sont 18.
«   16 « 4,   «   12.
«   40 « 10,   «   30.

598. *Combien coûte une douzaine de cravates à 1 fr. 50 la cravate ?*

La douzaine coûte 12 fr. + 6 fr.

Rép. 18 fr.

599. *Un marchand vend 3 gilets 24 fr.; à ce marché il gagne 3 fr. : quel est le prix d'un gilet ?*

S'il ne gagnait rien, le prix de 3 gilets serait 21 fr.
Un gilet vaut donc 21 : 3.

Rép. 7 fr.

600. *Combien coûteront 80 oranges à raison de 1 franc les 8 oranges ?*

Dans 80 oranges il y a 10 fois 8 oranges; le prix sera donc 10 fois 1 fr.

Rép. 10 fr.

601. *Quel est le prix de 18 canifs à raison de 20 fr. la douzaine ?*

Dans 18 il y a une douzaine et une demi-douzaine.
Le prix sera 20 + 10.

Rép. 30 fr.

602. *Combien coûtent 20 encriers à 0 fr. 25 l'encrier ?*

20 encriers coûteront 20 × 0,25.

Rép. 5 fr.

603. *Quel est le prix d'un livre, si 3 livres coûtent 6 fr. 60 c. ?*

Un livre coûtera 6,60 : 3.

Rép. 2 fr. 20.

604. *Quelle somme faut-il pour payer 4 cahiers de 10 centimes et 3 cahiers de 5 centimes ?*

Il faudra 40 + 15.

Rép. 55 centimes.

605. *Une paire de lunettes coûte 4 fr. 50, et l'étui vaut 1 fr. 50 : combien aura-t-on de paires de lunettes avec leur étui pour 48 francs ?*

Les lunettes avec l'étui valent 4,50 + 1,50 ou 6 fr.
Pour 48 fr. on aura 48 : 6.

Rép. 8 lunettes.

606. *Avec une pièce de toile de 20 mètres de long on a fait*

5 chemises, pour chacune desquelles il a fallu 3 mètres : que reste-t-il de la toile ?

Pour 5 chemises il a fallu 5 × 3, ou 15 mètres.
Il restera donc 20 — 15.

Rép. 5 mètres.

607. *Un fauteuil coûte 7 fr. et une chaise 3 fr. : combien aura-t-on de fauteuils et de chaises pour 120 fr., si l'on veut autant de fauteuils que de chaises?*

Un fauteuil et une chaise coûtent 7 + 3 ou 10 fr.
Pour 120 fr. on aura 120 : 10.

Rép. 12 chaises et 12 fauteuils.

608. *Combien coûtent 850 pommes à raison de 1 fr. le cent?*

Dans 850 il y a 8 cents et un demi-cent.
Les pommes coûtent 8 + 0,50.

Rép. 8 fr. 50.

609. *Paul et Louis ont 12 francs à se partager; Paul prend le tiers de la somme : que reste-t-il à Louis?*

Le tiers de 12 est 4 fr.
Il reste à Louis 12 — 4.

Rép. 8 fr.

610. *Une marchande avait 40 crayons, elle en a vendu 3 douzaines : combien lui reste-t-il de crayons?*

3 douzaines font 12 × 3, soit 36.
Il reste à la marchande 40 — 36.

Rép. 4 crayons.

611. *Combien coûtent 15 poires lorsque 3 poires coûtent 10 centimes ?*

Dans 15 poires il y a 5 fois 3 poires.
15 poires coûtent donc 5 × 10.

Rép. 50 centimes.

612. *Combien aura-t-on d'oranges pour 1 fr. lorsque 3 oranges coûtent 25 centimes?*

Dans 1 franc ou 100 centimes il y a 4 fois 25 centimes.
On aura donc 4 fois 3 oranges.

Rép. 12 oranges.

2° Problèmes à résoudre par écrit.

613. *Un mètre de toile coûte 3 francs : combien aura-t-on de mètres pour 147 francs?*

On en aura 147 : 3.

Rép. 49 mètres.

614. *Quel est le prix de* 29 *mètres de velours si* 1 *mètre coûte* 6 *francs ?*

Le prix sera 29 × 6.

Rép. 174 fr.

615. *Une source donne* 8 *litres d'eau par minute : combien faudra-t-il de minutes pour donner* 1 000 *litres ?*

Il faudra 1 000 : 8.

Rép. 125 minutes.

616. *Cinq volumes ont coûté en tout* 17 *fr.,* 3 *autres volumes coûtent chacun* 4 *francs : combien coûtent les* 8 *volumes ?*

Les 3 derniers volumes coûtent 4 × 3, ou 12 fr.
Le prix des 8 volumes est 17 + 12.

Rép. 29 fr.

617. *Avec un mètre de fil de fer on fait* 95 *clous de souliers : combien a-t-il fallu de mètres de fil pour faire* 5 035 *clous ?*

Il faudra 5 035 : 95.

Rép. 53 mètres.

618. *On a acheté douze douzaines de crayons, on en a vendu* 5 *douzaines : combien reste-t-il encore de crayons ?*

Il reste 12 — 5.

Rép. 7 douzaines ou 7 × 12, soit 84 crayons.

619. *Un enfant respire* 25 *fois environ par minute : combien respire-t-il de fois en* 45 *minutes ?*

Il respirera 25 × 45.

Rép. 1 125 fois.

620. *Quelle somme font* 25 *pièces de* 20 *francs et* 12 *pièces de* 5 *francs ?*

25 pièces de 20 fr. font 25 × 20, soit 500 fr.
12   «   5 fr. «   12 × 5,   «   60 fr.
Toutes les pièces font 500 + 60.

Rép. 560 fr.

621. *Un sac de blé coûte* 32 *francs : combien aura-t-on de sacs pour* 1 376 *francs ?*

On aura 1 376 : 32.

Rép. 43 sacs.

622. *Pour tapisser une salle il a fallu* 17 *rouleaux de papier à* 0 *fr.* 75, *et* 3 *rouleaux de bordure à* 1 *fr.* 25 *: combien a-t-on déboursé ?*

Les 17 rouleaux coûtent 17 × 0,75, soit 12 fr. 75.
Les 3   «   1,25 × 3, ou 3 fr. 75.
Tous les rouleaux coûtent 12,75 + 3,75.

Rép. 16 fr. 50.

623. *Une boîte contient 28 sardines : combien faut-il de boîtes pour contenir 1 260 sardines ?*

Il en faut 1 260 : 28.

Rép. 45 boîtes.

624. *Une famille devait 145 fr. 75 au boulanger; pour le payer, on lui remet 15 pièces de 10 francs : combien le boulanger doit-il rendre ?*

Somme remise 15 × 10, soit 150 fr.
Le boulanger doit rendre 150 — 145,75.

Rép. 4 fr. 25.

625. *Quel est le prix de 48 moutons, sachant que le tiers a été payé à raison de 17 fr. le mouton et le reste à raison de 18 francs ?*

Le tiers de 48 est 48 : 3 ou 16; les deux tiers seront donc 32.
Les 16 moutons coûtent 16 × 17, soit 272 fr.
Les 32   «   32 × 18, « 576 fr.
Le prix total est 272 + 576.

Rép. 848 fr.

626. *Combien coûtent 15 tasses de chocolat, sachant qu'une tasse renferme pour 10 centimes de lait, pour 10 centimes de chocolat et pour 4 centimes de pain ?*

Une tasse coûte 10 + 10 + 4, soit 24 centimes.
15 tasses coûteront 15 × 0,24.

Rép. 3 fr. 60.

627. *Un ouvrier gagne 4 fr. 75 par jour : combien lui faudra-t-il de jours pour gagner 114 francs ?*

Il lui faudra 114 : 4,75.

Rép. 24 jours.

628. *Combien coûtent 2 douzaines d'assiettes et 2 douzaines de plats, si une assiette vaut 0 fr. 25 et un plat 0 fr. 35 ?*

2 douzaines font 2 × 12, soit 24.
24 assiettes coûtent 24 × 0,25, soit 6 fr.
24 plats   «   24 × 0,35, « 8 fr. 40.
Les assiettes et les plats coûteront 6 + 8,40.

Rép. 14 fr. 40.

629. *Un pain de 4 kilogrammes coûte 1 fr. 44 : combien aura-t-on de kilogrammes de pain pour 20 fr. 16 ?*

On aura 20,16 : 1,44, soit 14 pains de 4 kilogrammes.
Le nombre de kilogrammes sera 14 × 4.

Rép. 56 kilogrammes.

630. *Une montre vaut 45 fr., la chaîne coûte 5 fois moins : quel est le prix de la montre avec sa chaîne ?*

Le prix de la chaîne est 45 : 5, soit 9 fr.
Le prix du tout est 45 + 9.

Rép. 54 fr.

631. *On veut partager 3 645 fr. entre 142 ouvriers : combien chacun aura-t-il ?*

Chaque ouvrier aura 3 645 : 142.

Rép. 25 fr. 66...

632. *Un litre d'encre coûte 1 fr. 75; avec ce litre on remplit 18 encriers qu'on vend à raison de 15 centimes : quel bénéfice fait-on ?*

Les 18 encriers sont vendus 18 × 0,15, ou 2 fr. 70.
Le bénéfice est 2,70 — 1,75.

Rép. 0 fr. 95.

633. *Deux ouvriers gagnent par jour, le premier 4 fr. 75, le second 3 fr. 50 : quelle somme faut-il pour leur payer 18 jours de travail ?*

Gain journalier 4,75 + 3,50, soit 8 fr. 25.
Pour les payer il faut 8,25 × 18.

Rép. 148 fr. 50.

634. *On a acheté 8 sacs de blé contenant chacun 4 mesures : quelle somme faut-il pour les payer, si la mesure vaut 2 fr. 75 ?*

Les sacs contiennent 4 × 8, soit 32 mesures.
Pour les payer il faut 32 × 2,75.

Rép. 88 fr.

635. *Quarante-sept kilogrammes de chocolat coûtent 180 fr., on veut gagner en tout 19 fr. 75 : combien doit-on vendre le kilogramme ?*

Prix de vente 180 + 19,75, soit 199 fr. 75.
On doit vendre le kilogramme 199,75 : 47.

Rép. 4 fr. 25.

636. *On a vendu 54 kilogrammes de café à raison de 4 fr. 25; à ce marché on a gagné 18 fr. : quel était le prix d'achat de tout ce café ?*

Prix de vente 54 × 4,25, ou 229 fr. 50.
Le prix d'achat était 229,50 — 18.

Rép. 211 fr. 50.

637. *Lorsqu'un sac de blé coûte 28 francs, combien aura-t-on de sacs pour 1 000 fr., et quelle somme aura-t-on de reste ?*

Pour 1 000 fr. on aura 1 000 : 28.

Rép. 35 sacs; et l'on aura 20 fr. de reste.

638. *Un litre de lait pèse 1 030 grammes, et un litre de vin*

990 *grammes : combien 24 litres de lait pèsent-ils plus que 24 litres de vin ?*

Différence de poids pour un litre 1 030 — 990, ou 40 grammes.
Le poids en plus est donc 24 $\times$ 40.

Rép. 960 grammes.

639. *Une pièce de calicot avait 60 mètres, on en a vendu le quart, puis le tiers : combien reste-t-il encore de mètres ?*

Le quart de 60 est 60 : 4, soit 15.
Le tiers de 60 est 60 : 3, soit 20.
Vente totale 15 + 20, ou 35 mètres.
Il reste encore 60 — 35.

Rép. 25 mètres.

640. *En un jour on a fait dans une fabrique 7 200 plumes, on les vend à raison de 0 fr. 75 la boîte contenant 144 plumes : quelle somme retire-t-on ?*

Nombre de boîtes 7 200 : 144, soit 50.
Somme retirée de la vente 50 $\times$ 0,75.

Rép. 37 fr. 50.

641. *Lorsque 100 épingles coûtent 15 centimes, combien coûtent 12 600 épingles ?*

Dans 12 600 il y a 126 fois cent.
Les épingles coûteront 126 $\times$ 0,15.

Rép. 18 fr. 90.

642. *Une machine brûle 18 kilogrammes de charbon par heure : combien brûlera-t-elle de kilogrammes en 31 jours de 24 heures ?*

Dans 31 jours il y a 31 $\times$ 24, soit 744 heures.
La machine brûlera 744 $\times$ 18.

Rép. 13 392 kilogrammes.

643. *Une marchande achète 6 600 œufs à raison de 8 fr. 50 le cent; elle les revend à 1 fr. 15 la douzaine : combien gagne-t-elle ?*

Dans 6 600 il y a 66 fois cent.
Les œufs ont coûté 66 $\times$ 8,50, soit 561 fr.
Dans 6 600 il y a 6 600 : 12, soit 550 douzaines.
Les œufs sont vendus 550 $\times$ 1,15, ou 632 fr. 50.
Bénéfice 632,50 — 561.

Rép. 71 fr. 50.

644. *Dans une maison neuve un peintre a passé en couleur 13 portes et 48 croisées : que doit-on au peintre, s'il demande 3 fr. 50 par porte et 2 fr. 80 par croisée ?*

Les portes coûtent 13 $\times$ 3,50, soit 45 fr. 50.
Les croisées coûtent 48 $\times$ 2,80, soit 134 fr. 40.
On doit au peintre 45,50 + 134,40.

Rép. 179 fr. 90.

645. *On achète deux colonnes de fonte pesant, l'une 125 kilo-grammes, l'autre 134 kilogrammes; on les paye à raison de 25 francs les 100 kilogrammes : quelle somme doit-on débourser ?*

Poids des colonnes 125 + 134, soit 259 kilogrammes.
100 kilogrammes coûtant 25 fr., 1 kilogramme coûtera 0 fr. 25.
On doit débourser 259 × 0,25.

Rép. 64 fr. 75.

646. *Un jeune homme qui avait 96 fr. en dépense d'abord les deux tiers, puis 24 fr. 50 : quelle somme lui reste-t-il ?*

Le tiers de 96 est 96 : 3, soit 32 fr.
Les deux tiers sont 32 × 2, soit 64 fr.
La dépense faite est 64 + 24,50, ou 88 fr. 50.
Il reste au jeune homme 96 — 88,50.

Rép. 7 fr. 50.

647. *Un marchand achète 45 fromages; il les paye 3 fr. 50 les cinq : combien doit-il donner ?*

Dans 45 il y a 9 fois 5.
On devra payer 9 × 3,50.

Rép. 31 fr. 50.

648. *On achète une horloge 54 fr., la caisse ne vaut que le cinquième de ce prix : combien coûtera l'horloge mise en place, si l'ouvrier prend 1 fr. 25 pour ce dernier travail ?*

Le cinquième de 54 est 54 : 5, ou 10 fr. 8.
L'horloge coûtera 54 + 10,80 + 1,25.

Rép. 66 fr. 05.

649. *On vend 4 pains de sucre, pesant chacun 17 kilogr., au prix de 1 fr. 45 le kilogr.; on reçoit en payement un billet de 100 fr. : quelle somme doit-on rendre à l'acheteur ?*

Poids des pains 17 × 4, soit 68 kilog.
Prix du sucre 68 × 1,45, soit 98 fr. 60.
On doit rendre 100 — 98,60.

Rép. 1 fr. 40.

650. *On achète 3 sacs de café vert, pesant chacun 75 kilogr., au prix de 4 fr. 15 le kilogr.; on donne un billet de 1 000 fr. : combien doit-on rendre à l'acheteur ?*

Poids des sacs 75 × 3,   soit 225 kilog.
Prix du café   225 × 4,15, soit 933 fr. 75.
On doit rendre 1 000 — 933,75.

Rép. 66 fr. 25.

651. *Trois balles de laine pèsent chacune 125 kilogr., on di-minue le poids total de 18 kilogr. pour la tare; que doit-on payer si la laine est vendue à raison de 3 fr. 15 les 2 kilogr. ?*

Poids total 125 × 3, soit 375 kilog.
Poids net   375 — 18, soit 357 kilog.
Prix d'un kilogr. de laine 3,15 : 2, soit 1,575.
On doit payer 357 × 1,575.

Rép. 562 fr. 275.

652. *Un marchand achète 350 litres d'huile pour 612 fr. 50 : combien doit-il vendre le litre pour gagner 70 fr. en tout?*

Prix total de vente 612,50 + 70, soit 682 fr. 50.
Prix d'un litre 682,50 : 350.

Rép. 1 fr. 95.

653. *Un marchand achète 145 litres de liqueur pour une somme totale de 406 francs : combien doit-il revendre le litre pour gagner 0 fr. 45 par litre?*

Prix d'achat du litre 406 : 145, soit 2 fr. 80.
On devra revendre le litre 2,80 + 0,45.

Rép. 3 fr. 25.

654. *Un portail de fer et sa grille pèsent en tout 12 650 kilogr., le portail pèse lui seul 1 240 kilogr.; on paye 0 fr. 45 le kilogr. pour le portail et 0 fr. 28 pour la grille : quelle somme doit-on débourser ?*

Poids de la grille 12 650 — 1 240, ou 11 410 kilogr.
Prix du portail   1 240 × 0,45, soit   558 fr.
Prix de la grille 11 410 × 0,28, « 3 194 fr. 80.
Prix total 558 + 3 194,80.

Rép. 3 752 fr. 80.

EXERCICES SUR LES MESURES MÉTRIQUES

(Nous ne mentionnons pas ici les questions dont la réponse est toute matérielle. Exemple : la mesure d'une longueur, le tracé d'une ligne, etc.).

§ I. Mesures de longueur.

655. *Qu'est-ce que le décimètre?*
Le décimètre est la dixième partie du mètre.

659. *Qu'est-ce que le centimètre ?*
Le centimètre est la centième partie du mètre.

675. *Qu'est-ce que le décamètre ?*

Le décamètre est une longueur de 10 mètres.

676. *Qu'est-ce que l'hectomètre ?*

L'hectomètre est une longueur de 100 mètres.

677. *Qu'est-ce que le kilomètre ?... le myriamètre ?*

Le kilomètre est une longueur de 1 000 mètres.
Le myriamètre   «   de 10 000   «

678. *Combien y a-t-il de mètres dans 3 décamètres, dans
5 hectomètres, dans 2 kilomètres ?*

> **Rép.** Dans 3 décam. il y a 3 × 10   ou   30 mètres.
> «   5 hectom.   «   5 × 100   ou   500   «
> «   2 kilom.   «   2 × 1 000 ou 2 000   «

679. *Combien y a-t-il de décimètres dans 5 mètres, dans 3 décamètres, dans 40 centimètres ?*

> **Rép.** Dans 5 mèt.   il y a 5 × 10   ou   50 décimètres.
> «   3 décam.   «   3 × 100 ou 300   «
> «   40 centim. «   40 : 10 ou   4   «

680. *Combien y a-t-il de mètres dans 60 décimètres, dans
700 centimètres, dans 4 000 millimètres ?*

> **Rép.** Dans   60 décimèt. il y a   60 : 10   ou 6 mètres.
> «   700 centimèt.   «   700 : 100 ou 7   «
> «   4 000 millimèt. «   4 000 : 1 000 ou 4   «

681. *Combien y a-t-il de kilomètres dans 4 myriamètres, dans
520 hectomètres ?*

> **Rép.** Dans   4 myriamèt. il y a   4 × 10 ou 40 kilomètres.
> «   520 hectomèt.   «   520 : 10 ou 52   «

682. *Lorsqu'un mètre coûte 20 francs, combien coûte un décimètre ?*

Le décimètre coûte 20 : 10.

> **Rép.** 2 fr.

683. *Lorsqu'un mètre de ruban coûte 80 centimes, combien
coûte un décimètre ?*

Un décimètre coûte 80 : 10.

> **Rép.** 8 centimes.

684. *Lorsqu'un mètre de drap coûte 16 fr., combien coûte un
demi-mètre, un quart de mètre ?*

Un demi-mètre coûte 16 : 2.

> **Rép.** 8 fr.

Un quart de mètre coûte 16 : 4.

> **Rép.** 4 fr.

685. *Une pièce de toile a 42^m,25 : combien pourra-t-on faire* *de chemises avec cette toile, s'il faut 3^m,25 de toile pour chaque chemise ?*

On pourra en faire 42,25 : 3,25.

Rép. 13 chemises.

686. *Un tableau noir a 2^m,24 de longueur, trouver sa largeur, sachant qu'elle n'est que les trois quarts de la longueur.*

Le quart de 2,24 est 2,24 : 4, ou 0,56.
La largeur sera donc 0,56 × 3.

Rép. 1^m.68.

687. *Une feuille de papier a 264 millimètres de longueur et 169 millimètres de largeur : dire combien la longueur a de millimètres de plus que la largeur ?*

La longueur a de plus 264 — 169.

Rép. 95 millimètres.

688. *Un fil de fer a 415^m,44 : combien pourra-t-il fournir de pointes, si la longueur d'une pointe est de 18 millimètres ?*

Il fournira 415,44 : 0,018.

Rép. 23 080 pointes.

689. *Quelle longueur obtient-on en mettant bout à bout 15 règles qui ont chacune 334 millimètres ?*

La longueur sera 334 × 15.

Rép. 5 mètres 01.

§ II. Mesures pour le bois de chauffage.

690. *Qu'est-ce que le décastère ?*
Le décastère est une mesure de 10 stères.

691. *Qu'est-ce que le décistère ?*
Le décistère est la dixième partie du stère.

692. *Combien y a-t-il de décistères dans 15 stères, dans 3 décastères ?*

Rép. Dans 15 stères il y a 15 × 10 ou 150 décistères.
    «   3 décast. «   3 × 100 ou 300   «

693. *Combien y a-t-il de stères dans 5 décastères, dans 40 décistères ?*

Rép. Dans 5 décast. il y a 5 × 10 ou 50 stères.
    « 40 décist. « 40 : 10 ou 4 «

694. *Combien 140 stères font-ils de décastères ?*
Rép. 140 stères font 140 : 10 ou 14 décastères.

695. *Combien coûtent 2 stères quand le décastère vaut 95 fr. 50 ?*

Le stère coûte 95,50 : 10, soit 9 fr. 55.
2 stères coûteront 9,55 × 2.

Rép. 19 fr. 10.

696. *Combien coûte le décistère quand le stère vaut 12 fr. 50?*
Le décistère coûte 12,5 : 10.

Rép. 1 fr. 25.

697. *Une coupe de bois a produit 845 stères : quelle somme retirera-t-on, si l'on vend le stère 11 fr. 50?*
On retirera 845 × 11,50.

Rép. 9717 fr. 50.

698. *Trouver en décastères le bois renfermé dans 2 chantiers, sachant que le premier a 348 stères, et le second 412 stères?*
Nombre de stères   348 + 412 ou 760.
Nombre de décast. 760 : 10.

Rép. 76 décast.

699. *Un marchand de bois devait livrer 134 décastères, il en a livré d'abord 450 stères, puis 525 stères : combien en doit-il encore?*
On a livré 450 + 525, soit 975 stères
On doit encore 1340 − 975.

Rép. 365 stères.

700. *Combien doit-on payer pour 320 stères de bois, sachant que la moitié a été achetée 10 fr. 50 le stère et l'autre moitié à 11 fr. 25?*
La moitié de 320 est 320 : 2, ou 160;
160 × 10,5 = 1680 fr.; 160 × 11,25 = 1800 fr.
On doit payer 1680 + 1800.

Rép. 3480 fr.

701. *Un bateau contient 360 stères de bois coûtant 3612 fr.; on vend le stère 12 fr. 60: quel bénéfice fait-on?*
Prix de vente 360 × 12,60, soit 4536 fr.
Bénéfice 4536 − 3612.

Rép. 924 fr.

§ III. Mesures de contenance.

702. *Qu'est-ce que le décalitre?*
Le décalitre est une mesure de 10 litres.

703. *Qu'est-ce que le décilitre?*
Le décilitre est la dixième partie du litre.

706. *Qu'est-ce que l'hectolitre ?*

L'hectolitre est une mesure de 100 litres.

707. *Qu'est-ce que le kilolitre ?*

Le kilolitre est une mesure de 1000 litres.

708. *Qu'est-ce que le double-décalitre ?*

Le double-décalitre est une mesure de 20 litres.

709. *Qu'est-ce que le centilitre ?*

Le centilitre est la centième partie du litre.

710. *Combien y a-t-il de litres dans 3 décalitres, dans* **un** **demi-décalitre ?**

Dans 3 décalit. il y a 3×10 ou 30 litres.
Dans un demi-décalit. il y a $10 : 2$ ou 5 litres.

711. *Combien y a-t-il de litres dans 40 décilitres, dans* **25** *décilitres ?*

Dans 40 décilit. il y a $40 : 10$ ou 4 litres.
   «   25   «   « $25 : 10$ ou 2 lit. 5.

712. *Lorsqu'un litre d'huile coûte 2 fr., combien coûtent trois* **litres,** *un demi-litre, un quart de litre ?*

Les 3 litres c ûtent 2×3, soit 6 fr.
Un demi-litre coûte $2 : 2$ «   1 fr.
Un quart de litre coûte $2 : 4$ «   0 fr. 50.

713. *Quelle est la contenance de 2 seaux, sachant que le* **premier** *contient 12 litres 5 décilitres, et le second 11 litres 6 dé-* **cilitres ?**

La contenance est $12,5 + 11,6$.
    Rép. 24 lit. 1.

714. *Un sac contient 6 doubles-décalitres de riz, un autre* **sac** *n'en renferme que 55 litres : quelle est la contenance de ces* **2 sacs ?**

6 doubles-décalit. égalent 20×6 ou 120 litres.
La contenance est $120 + 55$.
    Rép. 175 litres.

715. *Lorsqu'une gerbe fournit 1 litre 4 décilitres de blé, com-* **bien** *fourniront 745 gerbes ?*

Elles fourniront $745 \times 1,4$.
    Rép. 1043 litres.

716. *Un vase renferme 12 litres de lait : quelle somme rece-* **vra-t-on,** *si l'on vend le lait 25 centimes le litre ?*

On recevra $12 \times 0,25$.
    Rép. 3 francs.

717. *Combien coûtent 5 hectolitres de vin à 0 fr. 45 le litre?*
5 hectolitres font 500 litres.
Ils coûteront 500 × 0,45.

Rép. 225 fr.

718. *Combien coûte un tonneau d'huile de 250 lit., à raison de 1 fr. 45 le litre?*

Il coûte 250 × 1,45.

Rép. 362 fr. 50.

719. *Une fontaine donne 5 litres 4 décilitres par minute : dans combien de minutes aura-t-elle rempli un bassin qui contient 297 litres?*

Il lui faudra 297 : 5,4.

Rép. 55 minutes.

720. *Une vache donne en moyenne 17 litres de lait par jour : combien aura-t-elle donné après 30 jours, et quelle sera la valeur du lait à raison de 25 centimes le litre?*

Lait donné en 30 jours 17 × 30, soit 510 litres.
Prix du lait 510 × 0,25.

Rép. 127 fr. 5.

§. IV. Mesures de poids.

721. *Qu'est-ce que le décagramme?*
Le décagramme est un poids de 10 grammes.

722. *Qu'est-ce que le décigramme?*
Le décigr. est un poids qui est la dixième partie du gramme.

723. *Combien y a-t-il de grammes dans 3 décagrammes, dans 7 décagrammes?*
Dans 3 décagr. il y a 3 × 10, soit 30 grammes.
 «   7   «   «   7 × 10 « 70   «

724. *Combien y a-t-il de grammes dans 40 décigrammes, dans 60 décigrammes?*
Dans 40 décigr. il y a 40 : 10 ou 4 grammes.
 «   60   «   «   60 : 10 « 6   «

725. *Qu'est-ce que l'hectogramme?*
L'hectogramme est un poids de 100 grammes.

726. *Qu'est-ce que le kilogramme?*
Le kilogramme est un poids de 1 000 grammes.

727. *Combien 50 hectogrammes font-ils de kilogrammes?*
50 hectogr. font 50 : 10, soit 5 kilogrammes.

728. *Combien 12 kilogrammes font-ils d'hectogrammes?*

12 kilogr. font 12 × 10, soit 120 hectogr.

729. *Qu'est-ce que le myriagramme?*

Le myriagramme est un poids de 10000 grammes.

730. *Combien faut-il de décagrammes pour faire un hecto-gramme?*

Il faut 10 décagr. pour faire un hectogramme.

734. *Quel est le poids total de 3 caisses pesant respectivement 45 kilogr. 3, 58 kilogr. 7 et 65 kilogr. 25?*

Le poids total est 45,3 + 58,7 + 65,25.

Rép. 169 kilogr. 25.

735. *Que doit-on payer pour 45 kilogr. 5 de café, à raison de 3 fr. 75 le kilogramme?*

On doit payer 45,5 × 3,75.

Rép. 170 fr. 625.

736. *On demande ce que coûtera un portail de fer du poids de 875 kilogr., à raison de 28 fr. 5 les 100 kilogr.?*

Il coûtera 8,75 × 28,5.

Rép. 249 fr. 375.

737. *Lorsqu'un kilogr. coûte 3 fr. 50, combien coûteront 5 hectogrammes?*

Un hectogr. coûtera 3,50 : 10, ou 0,35.
5 hectogr. coûteront 5 × 0,35.

Rép. 1 fr. 75.

738. *Lorsque l'hectogramme coûte 0 fr. 65 cent., combien coûteront 15 kilogr.?*

Prix d'un kilogr. 0,65 × 10, ou 6 fr. 50.
Prix de 15 kilogr. 15 × 6,5.

Rép. 97 fr. 50.

739. *Combien pèsent 845 litres d'eau de mer, si un litre pèse 1 kilogr. 025?*

Ils pèsent 845 × 1,025.

Rép. 866 kilogr. 125.

740. *Quel est le poids d'un tonneau de vin de 228 litres, sachant qu'un litre de vin pèse 0 kilogr. 997 et que le tonneau vide pèse 45 kilogr. 650?*

Poids du vin 228 × 0,997, ou 227 kilogr. 316.
Poids total 227,316 + 45,650.

Rép. 272 kilogr. 966.

741. *Quel est le poids d'un objet, sachant que pour le peser*

on a mis dans un des plateaux de la balance un poids de 50 gr.,
deux poids de 20 gr. et un poids de 5 grammes?

Le poids est 50 + 40 + 5.

Rép. 95 grammes.

742. *Quel est le poids d'une caisse, sachant qu'on a employé
pour la peser deux poids de 20 kilogr., un poids de 10 kilogr.,
un poids de 5 kilogr. et deux poids de 2 kilogr.?*

Le poids est 40 + 10 + 5 + 4.

Rép. 59 kilogr.

743. *Une pièce de 50 fr. en or pèse 16 gr. 129, et une pièce de
10 fr. 3 gr. 2258 : quelle est la différence de poids de ces deux
pièces?*

La différence est 16,129 — 3,2258.

Rép. 12 gr. 9032.

744. *Une cuiller en argent pèse 45 gr. 35, et une fourchette
38 gr. 45 : quelle est la différence des deux poids?*

La différence est 45,35 — 38,45.

Rép. 6 gr. 90.

745. *100 fr. en argent pèsent 500 grammes, 100 fr. en or
pèsent 32 gr. 258 : combien 100 fr. en argent pèsent-ils de fois
plus que 100 fr. en or?*

500 : 32,258.

Rép. Ils pèsent 15,5 fois plus.

§ V. Mesures monétaires.

746. *Combien 3 fr. valent-ils de décimes, de centimes ?*
3 fr. valent 30 décimes, 300 centimes.

747. *Combien y a-t-il de francs dans 40 décimes?*
Dans 40 décimes il y a 40 : 10, soit 4 fr.

748. *Combien y a-t-il de francs dans 300 centimes?*
Dans 300 centimes il y a 300 : 100, soit 3 fr.

749. *Quel est le poids de 45 pièces de 1 fr.?*
Le poids est 45 × 5.

Rép. 225 grammes.

750. *Quel est le poids de 14 pièces de 5 fr. en argent, sachan
que la pièce de 5 fr. pèse 25 grammes?*
Le poids est 14 × 25.

Rép. 350 grammes.

751. *Quelle somme a-t-on payée avec* 12 *pièces de* 20 *fr. et* 16 *pièces de* 5 *fr.?*

12 pièces de 20 fr. font 12 × 20, soit 240 fr.
16   «   5   «   16 × 5   «   80.
On a payé 240 + 80.

Rép. 320 fr.

752. *Quelle somme a-t-on payée avec* 14 *pièces de* 5 *francs,* 18 *pièces de* 2 *fr. et* 12 *pièces de* 50 *centimes?*

14 pièces de 5 fr. font 14 × 5, soit 70 fr.
18   «   2   «   18 × 2   «   36
12   «   0,50   «   12 × 0,5 «   6.
On a payé 70 + 36 + 6.

Rép. 112 francs.

753. *Un sac contenait* 2000 *fr., on en retire* 185 *pièces de* 5 *fr. et* 120 *pièces de* 2 *fr.: quelle somme reste-t-il dans le sac?*

185 pièces de 5 fr. font 185 × 5, ou 925 fr.
120   «   2   «   120 × 2, ou 240.
Somme retirée 925 + 240, soit 1165 fr.
Il reste donc dans le sac 2000 — 1165.

Rép. 835 francs.

754. *Quel est le poids d'un objet qui pèse autant que* 42 *pièces de* 10 *centimes?*

Le poids est 42 × 10.

Rép. 420 grammes.

755. *Quel est le poids d'un objet qui pèse autant que* 17 *pièces de* 5 *fr. en argent?*

Le poids est 17 × 25.

Rép. 425 grammes.

756. 108 *fr. en monnaie de bronze pèsent* 10 *kilogr.* 800 : *quel est le poids de* 108 *fr. en argent, sachant qu'une somme en argent pèse* 20 *fois moins que la même somme en bronze?*

108 fr. en argent pèsent 10800 : 20.

Rép. 540 grammes.

757. 180 *fr. en argent pèsent* 900 *grammes : quel est le poids de* 180 *fr. en or, sachant qu'une somme en or pèse* 15,5 *fois moins que la même somme en argent?*

180 fr. en or pèsent 900 : 15,5.

Rép. 58 gr. 06.

758. *Un sac rempli d'argent monnayé pèse* 3425 *grammes; le poids du sac vide est de* 75 *grammes : quelle est la valeur de la somme contenue dans le sac?*

Le poids de l'argent est $3425 - 75$, soit 3350 gr.
Valeur de la somme $3350 : 5$.

Rép. 670 francs.

759. *Un lingot d'argent monnayé pèse 2675 gr. : combien pourra-t-on avec ce lingot fabriquer de pièces de 5 fr.?*

On en pourra faire $2675 : 25$.

Rép. 107 pièces.

760. *Un lingot d'or monnayé pèse 1612 gr. 9 : combien pourra-t-on avec ce lingot fabriquer de pièces de 20 fr., sachant que la pièce de 20 fr. pèse 6 gr. 4516?*

On en pourra faire $1612,9 : 6,4516$.

Rép. 250 pièces.

EXERCICES

ET

PROBLÈMES DE RÉCAPITULATION

§ I. Additions.

761.	$515 + 472$	**Rép.**	987	**777.**	$637 + 261$	**Rép.**	898
762.	$342 + 547$	«	889	**778.**	$275 + 308$	«	583
763.	$142 + 527$	«	669	**779.**	$528 + 635$	«	1163
764.	$342 + 637$	«	979	**780.**	$954 + 75$	«	1029
765.	$241 + 728$	«	969	**781.**	$249 + 754$	«	1003
766.	$375 + 624$	«	999	**782.**	$348 + 659$	«	1007
767.	$228 + 371$	«	599	**783.**	$521 + 637$	«	1158
768.	$542 + 127$	«	669	**784.**	$146 + 809$	«	955
769.	$804 + 192$	«	996	**785.**	$369 + 581$	«	950
770.	$123 + 456$	«	579	**786.**	$470 + 643$	«	1113
771.	$763 + 215$	«	978	**787.**	$876 + 543$	«	1419
772.	$234 + 562$	«	796	**788.**	$978 + 498$	«	1476
773.	$765 + 231$	«	996	**789.**	$765 + 432$	«	1197
774.	$628 + 360$	«	988	**790.**	$135 + 698$	«	833
775.	$806 + 142$	«	948	**791.**	$159 + 894$	«	1053
776.	$343 + 614$	«	957	**792.**	$370 + 978$	«	1348

793.	$175 + 714$	**Rép.**	889	**825.**	$817 + 698$	**Rép.**	1515
794.	$983 + 679$	«	1662	**826.**	$497 + 875$	«	1372
795.	$887 + 677$	«	1564	**827.**	$375 + 845$	«	1220
796.	$309 + 187$	«	586	**828.**	$319 + 889$	«	1208
797.	$67 + 981$	«	1048	**829.**	$747 + 693$	«	1440
798.	$875 + 778$	«	1653	**830.**	$429 + 318$	«	747
799.	$366 + 769$	«	1135	**831.**	$694 + 749$	«	1443
800.	$778 + 889$	«	1667	**832.**	$358 + 367$	«	725
801.	$562 + 783$	«	1345	**833.**	$918 + 793$	«	1711
802.	$172 + 289$	«	461	**834.**	$877 + 428$	«	1305
803.	$375 + 428$	«	803	**835.**	$336 + 782$	«	1118
804.	$578 + 697$	«	1275	**836.**	$974 + 808$	«	1782
805.	$725 + 892$	«	1617	**837.**	$909 + 96$	«	1005
806.	$915 + 821$	«	1736	**838.**	$287 + 978$	«	1265
807.	$706 + 592$	«	1298	**839.**	$898 + 327$	«	1225
808.	$429 + 373$	«	802	**840.**	$903 + 789$	«	1692
809.	$639 + 743$	«	1382	**841.**	$975 + 72$	«	1047
810.	$877 + 309$	«	1186	**842.**	$725 + 974$	«	1699
811.	$893 + 684$	«	1577	**843.**	$225 + 358$	«	583
812.	$378 + 469$	«	847	**844.**	$790 + 632$	«	1422
813.	$558 + 373$	«	931	**845.**	$829 + 872$	«	1701
814.	$987 + 889$	«	1876	**846.**	$743 + 635$	«	1378
815.	$713 + 689$	«	1402	**847.**	$658 + 497$	«	1155
816.	$728 + 697$	«	1425	**848.**	$398 + 717$	«	1115
817.	$943 + 85$	«	1028	**849.**	$765 + 898$	«	1663
818.	$748 + 357$	«	1105	**850.**	$696 + 545$	«	1241
819.	$697 + 309$	«	1006	**851.**	$424 + 897$	«	1321
820.	$846 + 429$	«	1275	**852.**	$691 + 909$	«	1600
821.	$748 + 875$	«	1623	**853.**	$763 + 893$	«	1656
822.	$378 + 797$	«	1175	**854.**	$918 + 897$	«	1815
823.	$906 + 689$	«	1595	**855.**	$558 + 776$	«	1334
824.	$813 + 798$	«	1611	**856.**	$819 + 667$	«	1486

857		**859**		**861**		**863**		**865**		**867**	
	325		754		773		639		642		871
	643		882		889		529		504		647
	274		413		527		293		378		264
R.	1242	**R.**	2046	**R.**	2189	**R.**	1461	**R.**	1521	**R.**	1782
858	825	**860**	668	**862**	757	**864**	48	**866**	763	**868**	713
	787		609		883		884		645		897
	697		385		439		633		379		649
R.	2309	**R.**	1662	**R.**	2079	**R.**	1565	**R.**	1787	**R.**	2259

No				R.	No				R.
869	891	303	675	R. 1874	881	872	568	323	R. 1763
870	976	803	98	R. 1877	882	767	718	819	R. 2304
871	788	881	543	R. 2182	883	613	97	825	R. 1535
872	826	789	698	R. 2313	884	768	880	717	R. 2365
873	752	665	523	R. 1940	885	798	699	517	R. 2014
874	841	791	576	R. 2208	886	827	790	618	R. 2235
875	774	618	579	R. 1971	887	753	667	387	R. 1807
876	758	624	342	R. 1724	888	842	792	620	R. 2254
877	832	797	377	R. 2006	889	619	527	613	R. 1759
878	747	886	502	R. 2135	890	759	885	625	R. 2269
879	632	535	309	R. 1476	891	833	784	628	R. 2245
880	846	783	503	R. 2132	892	749	629	381	R. 1759

No				R.	No				R.
893	764	889	507	R. 2160	905	834	737	620	R. 2191
894	847	782	424	R. 2053	906	731	87	321	R. 1139
895	738	343	454	R. 1535	907	765	781	525	R. 2071
896	349	607	327	R. 1283	908	848	739	613	R. 2200
897	837	786	519	R. 2142	909	849	958	542	R. 2349
898	769	854	681	R. 2304	910	743	537	418	R. 1698
899	744	79	649	R. 1472	911	838	785	431	R. 2054
900	828	736	741	R. 2305	912	771	878	682	R. 2331
901	754	670	393	R. 1817	913	745	672	426	R. 1843
902	843	793	375	R. 2011	914	829	685	491	R. 2005
903	775	877	376	R. 2028	915	755	671	498	R. 1924
904	760	876	626	R. 2262	916	844	794	148	R. 1786

No				R.	No				R.
917	776	875	383	R. 2044	929	756	531	346	R. 1603
918	761	874	511	R. 2146	930	845	795	362	R. 2002
919	835	796	631	R. 2262	931	777	509	319	R. 1605
920	779	873	636	R. 2288	932	762	778	533	R. 2073
921	766	908	706	R. 2380	933	836	732	477	R. 2045
922	497	743	974	R. 2214	934	718	813	916	R. 2447
923	849	734	521	R. 2104	935	315	1343	6907	R. 8565
924	799	683	515	R. 1997	936	456	3625	996	R. 5077
925	893	735	574	R. 2202	937	1634	978	3608	R. 6220
926	772	684	575	R. 2031	938	8307	1397	948	R. 10652
927	746	688	389	R. 1823	939	2416	1817	843	R. 5076
928	831	733	318	R. 1882	940	3495	717	1345	R. 5557

N°				R.
941	4632	1096	891	6619
942	871	5623	1094	7591
943	2345	787	6243	9375
944	4067	925	3870	8862
945	6425	8742	3609	18776
946	8425	308	1971	10704
947	6223	5336	792	12351
948	3265	4805	741	8811
949	4625	5227	3691	13543
950	5219	4417	918	10554
951	692	1625	6938	9255
952	8765	4321	5780	18866
953	7654	3210	876	11740
954	9347	7625	5264	22236
955	3275	7520	5237	16032
956	3927	5445	9024	18396
957	8631	1386	8363	18380
958	5455	794	3545	9794
959	8364	3648	1761	13773
960	2864	8462	648	11974
961	4625	2871	1048	8544
962	3348	4617	5849	13814
963	5632	6035	917	12584
964	8625	3091	1082	12798
965	2065	3650	7608	13323
966	1278	2791	9007	13076
967	3717	4343	5656	13716
968	5425	7887	9041	22353
969	628	6283	3860	10771
970	3143	6139	1921	11203
971	4520	5971	7694	18185
972	4025	6347	9029	19401
973	5485	3217	415	9117
974	5192	8315	748	14255
975	5425	4624	6226	16275
976	3562	1234	5678	10474
977	1628	3717	923	6268
978	5236	2917	670	8823
979	3879	8007	7948	19834
980	5415	1143	8807	15365
981	628	5435	974	7037
982	1497	1595	1889	4981
983	3141	5927	280	9348
984	3091	8625	3097	14813
985	5465	6180	7424	19069
986	3975	2462	8081	14518
987	7125	3225	914	11264
988	776	3642	1483	5901
989	9101	3719	2345	15165
990	3695	5495	794	9984
991	3748	877	1424	6049
992	5623	4315	3620	13558
993	4407	3996	7782	16185
994	3608	4097	9072	16777
995	1884	6372	7409	15665
996	1357	2468	369	4194
997	8976	5432	198	14606
998	3809	5475	7083	16367
999	4761	2579	1351	8691

№		№		№		№		№	
1000	2548	1010	9143	1020	2524	1030	6260	1040	1357
	3657		8267		3636		728		9135
	4835		941		5272		1369		2468
	5630		1774		941		7021		246
R.	16670	**R.**	20125	**R.**	12373	**R.**	15378	**R.**	13206
1001	4625	1011	2787	1021	7625	1031	3674	1041	8223
	3287		3078		2315		2129		2425
	1906		6748		8717		4207		3738
	874		542		419		508		4345
R.	10692	**R.**	13155	**R.**	19076	**R.**	10518	**R.**	18731
1002	9064	1012	4261	1022	1287	1032	3748	1042	5664
	8325		3209		3190		7525		7678
	7417		644		4148		3971		8183
	2548		91		1064		606		9699
R.	27354	**R.**	8205	**R.**	9689	**R.**	15850	**R.**	31224
1003	1625	1013	8877	1023	2007	1033	3097	1043	687
	197		9076		3609		4025		1029
	798		3471		4075		5708		3078
	8625		828		5621		9007		4916
R.	11245	**R.**	22252	**R.**	15312	**R.**	21837	**R.**	9710
1004	3448	1014	3852	1024	8767	1034	1768	1044	8900
	765		5282		3072		5287		7302
	897		2358		6029		9856		6417
	1649		8325		338		3724		3813
R.	6759	**R.**	19817	**R.**	18246	**R.**	20635	**R.**	26432
1005	5824	1015	6543	1025	4072	1035	1345	1045	9068
	3079		5426		597		6252		7043
	2607		7063		321		9701		1967
	948		425		1416		118		3025
R.	12458	**R.**	19457	**R.**	6406	**R.**	17416	**R.**	21103
1006	2377	1016	8106	1026	4025	1036	2379	1046	1887
	4065		391		1974		4567		6335
	946		7430		3628		8107		1028
	4029		927		2075		6121		329
R.	11417	**P.**	16854	**R.**	11702	**R.**	21174	**R.**	9579
1007	5025	1017	1237	1027	3526	1037	3124	1047	743
	6706		4569		7321		7096		6025
	3742		748		4976		823		1948
	718		75		7783		1027		2075
R.	16191	**R.**	6629	**R.**	23606	**R.**	12070	**R.**	10791
1008	349	1018	483	1028	914	1038	3199	1048	3306
	1897		975		8761		4776		4887
	603		1624		5420		917		7677
	2809		972		399		826		9875
R.	5658	**R.**	4054	**R.**	15494	**R.**	9718	**R.**	25745
1009	948	1019	3639	1029	3479	1039	1099	1049	1589
	1697		4884		5679		1492		2025
	2812		619		8307		3717		3048
	819		1996		674		525		7721
R.	6276	**R.**	11138	**R.**	18139	**R.**	6833	**R.**	14383

1050	5670	1060	4345	1070	5428	1080	2733	1090	8647
	8391		5065		6732		3849		9875
	616		2076		8824		4871		7643
	1075		7871		3776		575		6625
R.	15752	R.	20857	R.	24760	R.	11729	R.	32790
1051	2078	1061	3927	1071	8742	1081	5263	1091	9345
	3965		3872		9025		6417		8277
	6284		4143		817		7193		7175
	271		3257		3608		8021		2046
R.	12578	R.	17199	R.	22192	R.	26894	R.	26843
1052	9025	1062	7079	1072	3453	1082	9476	1092	3539
	3628		6871		1416		8007		4817
	781		3094		781		6406		3109
	3602		228		1274		1671		7695
R.	17036	R.	17272	R.	6924	R.	25560	R.	19160
1053	729	1063	768	1073	8225	1083	2367	1093	2548
	1092		1827		3719		4569		5076
	8705		3798		8771		2754		4520
	3718		4528		9075		1948		225
R.	14244	R.	10921	R.	29790	R.	11638	R.	12369
1054	4123	1064	6798	1074	7342	1084	3636	1094	4182
	5725		9876		5074		3482		3877
	8071		7432		3207		5728		8269
	9914		1025		2091		7802		7454
R.	27833	R.	25031	R.	17714	R.	20948	R.	20782
1055	1621	1065	1318	1075	1768	1085	6421	1095	5591
	4304		3089		3137		3975		8737
	3625		4871		942		2638		1097
	2938		3183		1875		4590		427
R.	8988	R.	9461	R.	7722	R.	17024	R.	15852
1056	5677	1066	1734	1076	5232	1086	1025	1096	798
	6788		8261		8077		2602		977
	9127		654		149		3947		9679
	447		329		3077		4625		8227
R.	22039	R.	10978	R.	16535	R.	12199	R.	19681
1057	370	1067	8796	1077	3872	1087	3635	1097	7813
	2348		9784		5940		6178		9061
	3917		5796		2748		9763		3875
	4079		7630		666		8876		6283
R.	10714	R.	32006	R.	13226	R.	28452	R.	27032
1058	639	1068	8091	1078	9194	1088	1778	1098	7289
	95		7605		7028		2881		3781
	8072		8432		3917		3979		8072
	725		9964		2747		5877		5632
R.	9541	R.	34092	R.	22886	R.	14515	R.	24774
1059	9877	1069	2127	1079	8109	1089	3048	1099	8327
	6544		9174		7910		4075		9435
	3211		2817		2078		5748		6742
	8765		3061		3035		6957		8854
R.	28397	R.	17179	R.	21132	R.	19828	R.	33358

N°						R.
1100	848,37	718,43	98,75	125,34	913,41	2704,30
1101	324,46	350,27	1024,32	297,63	82,75	2288,45
1102	944,25	874,35	1425,32	948,28	630,55	4819,75
1103	142,59	254,75	318,85	416,32	592,23	1724,74
1104	145,60	76,75	192,15	207,05	359,90	981,45
1105	223,70	448,35	1774,10	909,25	1318,75	4674,15
1106	172,75	284,85	721,76	4817,59	378,21	6375,16
1107	388,17	943,53	4917,35	796,25	109,40	7154,70
1108	98,95	108,27	817,33	743,55	219,35	1989,45
1109	148,25	7043,47	833,23	96,95	1033,29	9150,19
1110	342,75	1918,27	214,33	516,40	2091,70	5083,45
1111	664,25	708,30	890,35	1915,46	125,00	4303,36
1112	718,55	317,23	415,77	3072,45	874,50	5398,50
1113	448,45	2306,05	2743,17	882,43	94,15	6474,25
1114	742,25	817,17	471,23	908,95	3625,00	6564,60
1115	8751,12	3742,54	9251,24	397,70	810,50	22953,10
1116	325,45	1813,25	3617,65	916,20	795,60	7468,15
1117	4816,35	318,45	432,71	525,80	732,90	6826,21
1118	445,85	2417,15	816,05	90,95	1814,25	5584,25
1119	310,65	415,95	719,60	872,90	2322,45	4641,55
1120	1234,58	632,22	159,74	2108,21	970,45	5105,20
1121	358,16	2517,24	3072,42	913,88	1407,85	8269,55
1122	544,45	1632,43	928,57	409,11	824,04	4338,60
1123	2651,45	941,75	848,45	1276,30	495,25	6213,20
1124	3721,48	2017,34	523,75	817,93	1053,19	8133,69
1125	843,28	637,54	916,14	1028,45	497,15	3922,53
1126	4315,70	528,37	419,55	213,05	1218,00	6694,65
1127	975,18	324,14	1309,55	848,33	1004,20	4461,40
1128	345,10	286,44	1372,71	809,90	2648,35	5462,50
1129	451,10	803,54	1606,33	848,25	611,72	4350,94
1130	887,76	743,25	917,48	4077,65	919,12	7545,26
1131	1406,05	2075,20	3906,40	5403,75	875,10	13666,50

1132	843,75	**1139**	224,45	**1146**	1221,25	**1153**	945,25
	4625,85		6529,50		3692,77		1025,35
	3028,25		3275,25		728,34		76,95
	297,95		2689,70		9121,52		109,25
	6225,85		4255,20		438,56		97,00
	2095,10		975,85		275,40		229,45
R.	17116,75	**R.**	17749,95	**R.**	15477,84	**R.**	2483,25
1133	543,25	**1140**	3625,20	**1147**	748,25	**1154**	510,10
	632,72		943,65		857,90		871,95
	917,05		1882,35		1632,54		4075,27
	1613,59		747,15		947,44		368,07
	815,24		975,25		308,80		140,73
	152,75		2043,05		2543,85		548,27
R.	4674,60	**R.**	10216,65	**R.**	7038,75	**R.**	6514,35
1134	1541,30	**1141**	992,97	**1148**	1884,31	**1155**	2255,40
	2417,43		1423,23		732,43		3031,35
	7512,52		847,38		1833,14		1684,20
	643,05		90,90		844,52		991,95
	783,75		767,45		719,55		718,15
	195,30		39,25		306,44		345,20
R.	13095,35	**R.**	4161,18	**R.**	6320,39	**R.**	9026,25
1135	451,42	**1142**	1801,16	**1149**	629,45	**1156**	1745,40
	375,74		948,54		1608,54		2308,65
	1859,43		1775,25		341,52		4617,21
	711,52		912,39		946,35		887,45
	345,35		75,11		2807,25		543,74
	137,49		2308,54		744,20		635,45
R.	3881,15	**R.**	7820,99	**R.**	7077,31	**R.**	10737,90
1136	678,55	**1143**	525,50	**1150**	2608,25	**1157**	9600,05
	787,40		636,65		3494,75		7895,20
	514,28		747,55		1025,42		3206,65
	3472,52		878,20		767,35		472,85
	724,35		4535,75		937,25		839,50
	375,40		761,15		5624,33		1275,75
R.	6552,50	**R.**	8084,80	**R.**	14456,35	**R.**	23290,00
1137	744,00	**1144**	148,95	**1151**	8025,05	**1158**	224,48
	877,15		260,75		4335,40		375,52
	1608,55		945,25		9625,15		1639,30
	2094,55		1307,80		877,75		1843,25
	542,30		787,90		1305,70		390,90
	875,40		630,25		778,75		748,65
R.	6738,75	**R.**	4083,90	**R.**	25557,80	**R.**	5222,10
1138	444,15	**1145**	801,70	**1152**	7482,15	**1159**	1040,20
	565,55		1092,42		575,75		3085,35
	6528,40		3777,25		4108,35		916,48
	3922,25		848,48		9140,00		744,42
	712,42		165,75		781,32		135,45
	975,33		204,05		607,05		693,30
R.	13047,90	**R.**	7579,65	**R.**	22494,62	**R.**	6615,40

§ II. Soustractions.

1160.	945 — 623	Rép.	322	**1197.**	844 — 759	Rép.	85
1161.	826 — 713	«	113	**1198.**	668 — 497	«	171
1162.	659 — 642	«	17	**1199.**	604 — 459	«	145
1163.	798 — 371	«	427	**1200.**	708 — 642	«	66
1164.	548 — 447	«	101	**1201.**	940 — 875	«	65
1165.	906 — 202	«	704	**1202.**	690 — 325	«	365
1166.	359 — 243	«	116	**1203.**	843 — 750	«	93
1167.	775 — 341	«	434	**1204.**	618 — 594	«	24
1168.	875 — 720	«	155	**1205.**	916 — 748	«	168
1169.	697 — 621	«	76	**1206.**	780 — 484	«	296
1170.	495 — 172	«	323	**1207.**	686 — 398	«	288
1171.	887 — 371	«	516	**1208.**	740 — 569	«	171
1172.	928 — 212	«	716	**1209.**	841 — 769	«	72
1173.	875 — 271	«	604	**1210.**	328 — 297	«	31
1174.	789 — 325	«	464	**1211.**	543 — 259	«	284
1175.	867 — 152	«	715	**1212.**	817 — 658	«	159
1176.	987 — 273	«	714	**1213.**	334 — 198	«	136
1177.	859 — 684	«	175	**1214.**	925 — 639	«	286
1178.	752 — 385	«	367	**1215.**	875 — 748	«	127
1179.	948 — 873	«	75	**1216.**	303 — 298	«	5
1180.	723 — 353	«	370	**1217.**	405 — 294	«	111
1181.	675 — 658	«	17	**1218.**	216 — 198	«	18
1182.	782 — 678	«	104	**1219.**	377 — 298	«	79
1183.	825 — 748	«	77	**1220.**	625 — 394	«	231
1184.	763 — 459	«	304	**1221.**	846 — 792	«	54
1185.	804 — 672	«	132	**1222.**	840 — 392	«	448
1186.	788 — 389	«	399	**1223.**	506 — 492	«	14
1187.	643 — 592	«	51	**1224.**	348 — 297	«	51
1188.	549 — 164	«	385	**1225.**	613 — 293	«	350
1189.	358 — 196	«	162	**1226.**	209 — 196	«	13
1190.	275 — 198	«	77	**1227.**	714 — 698	«	16
1191.	348 — 197	«	151	**1228.**	647 — 396	«	251
1192.	625 — 548	«	77	**1229.**	345 — 296	«	49
1193.	717 — 629	«	88	**1230.**	619 — 275	«	344
1194.	482 — 359	«	123	**1231.**	525 — 178	«	347
1195.	572 — 498	«	74	**1232.**	419 — 198	«	221
1196.	425 — 392	«	33	**1233.**	401 — 208	«	193

1234.	545 — 280	**Rép.**	265
1235.	904 — 697	«	207
1236.	425 — 279	«	146
1237.	617 — 498	«	119
1238.	448 — 377	«	71
1239.	811 — 729	«	82
1240.	664 — 529	«	135
1241.	804 — 706	«	98
1242.	772 — 695	«	77
1243.	900 — 548	«	352
1244.	622 — 594	«	28
1245.	811 — 748	«	63
1246.	360 — 192	«	168
1247.	748 — 391	«	357
1248.	548 — 389	**Rép.**	159
1249.	421 — 398	«	23
1250.	377 — 308	«	70
1251.	628 — 391	«	237
1252.	918 — 304	«	614
1253.	548 — 372	«	176
1254.	741 — 376	«	365
1255.	327 — 278	«	49
1256.	547 — 378	«	169
1257.	624 — 279	«	345
1258.	708 — 592	«	116
1259.	559 — 497	«	62
1260.	808 — 409	«	399
1261.	475 — 288	«	187

1262.	1843 — 952	**Rép.**	891
1263.	3254 — 1839	«	1415
1264.	2025 — 1632	«	393
1265.	3408 — 2954	«	454
1266.	4635 — 2872	«	1763
1267.	7405 — 3964	«	3441
1268.	3008 — 1984	«	1024
1269.	4517 — 3648	«	869
1270.	2975 — 1849	«	1126
1271.	1635 — 1287	«	348
1272.	4849 — 994	«	3855
1273.	3067 — 1548	«	1519
1274.	6540 — 2918	«	3622
1275.	6348 — 2975	«	3373
1276.	3417 — 1952	«	1465
1277.	6425 — 4908	«	1517
1278.	3341 — 1927	«	1414
1279.	8617 — 4951	«	3666
1280.	3427 — 2631	«	796
1281.	6243 — 4528	«	1715
1282.	7408 — 3954	«	3454
1283.	6041 — 3918	«	2123
1284.	8027 — 3068	«	4959
1285.	1775 — 986	«	789
1286.	2045 — 1928	«	117
1287.	4008 — 3117	**Rép.**	891
1288.	5641 — 3859	«	1782
1289.	6427 — 3951	«	2476
1290.	7040 — 3651	«	3389
1291.	2119 — 1882	«	237
1292.	6948 — 3957	«	2991
1293.	2241 — 1607	«	634
1294.	3961 — 3879	«	82
1295.	7671 — 7259	«	412
1296.	8060 — 7607	«	453
1297.	9064 — 8096	«	968
1298.	2804 — 942	«	1862
1299.	1829 — 996	«	833
1300.	4251 — 3748	«	503
1301.	1768 — 895	«	873
1302.	2603 — 1941	«	662
1303.	3148 — 2925	«	223
1304.	5643 — 4946	«	697
1305.	6625 — 5428	«	897
1306.	7125 — 3805	«	3320
1307.	8216 — 7625	«	591
1308.	4215 — 2259	«	1956
1309.	9025 — 8632	«	393
1310.	1712 — 928	«	784
1311.	2863 — 1948	«	915

1312. 3 342 — 1 908	«	1 434	**1332.** 6 209 — 3 807	«	2 402
1313. 5 340 — 4 825	«	515	**1333.** 4 321 — 3 358	«	963
1314. 6 407 — 4 253	«	2 154	**1334.** 2 483 — 1 793	«	690
1315. 5 048 — 2 496	«	2 552	**1335.** 2 839 — 1 796	«	1 043
1316. 4 620 — 2 575	«	2 045	**1336.** 4 429 — 4 375	«	54
1317. 1 247 — 871	«	376	**1337.** 1 907 — 1 768	«	139
1318. 4 327 — 2 854	«	1 473	**1338.** 2 806 — 1 495	«	1 311
1319. 1 883 — 997	«	886	**1339.** 3 475 — 2 918	«	557
1320. 2 704 — 1 875	«	829	**1340.** 5 845 — 4 359	«	1 486
1321. 3 256 — 2 976	«	280	**1341.** 6 059 — 5 319	«	740
1322. 5 715 — 4 791	«	924	**1342.** 7 357 — 3 981	«	3 376
1323. 6 074 — 5 217	«	857	**1343.** 8 451 — 7 771	«	680
1324. 7 243 — 3 907	«	3 336	**1344.** 4 172 — 2 817	«	1 355
1325. 8 341 — 7 349	«	992	**1345.** 9 075 — 8 815	«	260
1326. 4 125 — 2 228	«	1 897	**1346.** 1 731 — 697	«	1 034
1327. 9 054 — 8 772	«	282	**1347.** 2 703 — 1 904	«	799
1328. 1 721 — 795	«	926	**1348.** 3 396 — 1 879	«	1 517
1329. 2 741 — 1 957	«	784	**1349.** 5 560 — 4 475	«	1 085
1330. 3 375 — 1 885	«	1 490	**1350.** 6 301 — 2 619	«	3 682
1331. 5 250 — 4 351	«	899	**1351.** 2 100 — 2 005	«	95

1352.	24 208 — 9 625	Rép.	14 583
1353.	16 308 — 9 145	«	7 163
1354.	10 925 — 8 497	«	2 428
1355.	24 425 — 19 651	«	4 774
1356.	54 208 — 18 791	«	35 417
1357.	64 301 — 59 108	«	5 193
1358.	20 697 — 9 819	«	10 878
1359.	31 401 — 29 208	«	2 193
1360.	32 807 — 27 495	«	5 312
1361.	37 649 — 32 651	«	4 998
1362.	43 540 — 28 459	«	15 081
1363.	45 430 — 35 975	«	9 455
1364.	47 250 — 18 765	«	28 485
1365.	56 780 — 54 391	«	2 389
1366.	67 840 — 16 981	«	50 859
1367.	27 741 — 25 987	«	1 754
1368.	76 543 — 60 837	«	15 706
1369.	13 648 — 12 950	«	698
1370.	32 743 — 9 819	«	22 924

1371.	22 813 — 19 485	**Rép.**	3 328
1372.	32 647 — 29 158	«	3 489
1373.	60 418 — 9 451	«	50 967
1374.	78 305 — 19 704	«	58 601
1375.	80 253 — 76 281	«	3 972
1376.	94 008 — 25 835	«	68 173
1377.	52 635 — 29 354	«	23 281
1378.	30 525 — 20 872	«	9 653
1379.	43 256 — 39 628	«	3 628
1380.	50 341 — 29 359	«	20 982
1381.	64 765 — 59 275	«	5 490
1382.	92 025 — 83 058	«	8 967
1383.	84 078 — 77 081	«	6 997
1384.	19 284 — 9 928	«	9 356
1385.	71 234 — 57 425	«	13 809
1386.	40 350 — 27 821	«	12 529
1387.	34 341 — 25 758	«	8 583
1388.	54 307 — 28 742	«	25 565
1389.	50 248 — 3 925	«	46 323
1390.	43 219 — 37 175	«	6 044
1391.	60 975 — 9 855	«	51 120
1392.	77 604 — 18 768	«	58 836
1393.	81 454 — 78 928	«	2 526
1394.	95 060 — 26 475	«	68 585
1395.	64 308 — 29 794	«	34 514
1396.	31 075 — 21 630	«	9 445
1397.	44 027 — 27 305	«	16 722
1398.	56 021 — 34 074	«	21 947
1399.	68 075 — 46 787	«	21 288
1400.	91 774 — 87 679	«	4 095
1401.	79 060 — 63 095	«	15 965
1402.	10 632 — 9 654	«	978
1403.	74 321 — 68 294	«	6 027
1404.	48 250 — 37 894	«	10 356
1405.	39 607 — 25 809	«	13 798
1406.	31 375 — 9 225	«	22 150
1407.	42 041 — 9 928	«	32 113
1408.	56 047 — 39 094	«	16 953
1409.	68 041 — 19 618	«	48 423
1410.	79 208 — 39 918	«	39 290

1411.	82 375 — 60 789	**Rép.**	21 586
1412.	92 075 — 29 941	«	62 134
1413.	26 315 — 24 978	«	1 337
1414.	36 908 — 17 899	«	19 009
1415.	40 830 — 39 992	«	838
1416.	52 341 — 45 274	«	7 067
1417.	61 225 — 39 772	«	21 453
1418.	90 270 — 77 269	«	13 001
1419.	68 603 — 54 778	«	13 825
1420.	24 043 — 12 748	«	11 295
1421.	67 680 — 50 708	«	16 972
1422.	46 300 — 25 820	«	20 480
1423.	45 495 — 35 999	«	9 496
1424.	415,25 — 322,56	**Rép.**	92,69
1425.	182,15 — 176,35	«	5,80
1426.	248,95 — 196,28	«	52,67
1427.	319,25 — 197,45	«	121,80
1428.	816,72 — 743,55	«	73,17
1429.	715,35 — 328,75	«	386,60
1430.	816,42 — 534,84	«	281,58
1431.	604,50 — 208,45	«	396,05
1432.	525,72 — 375,87	«	149,85
1433.	495,57 — 406,72	«	88,85
1434.	328,40 — 317,64	«	10,76
1435.	414,35 — 295,40	«	118,95
1436.	518,60 — 297,55	«	221,05
1437.	617,18 — 308,74	«	308,44
1438.	725,35 — 572,85	«	152,50
1439.	809,05 — 728,54	«	80,51
1440.	148,25 — 76,85	«	71,40
1441.	175,40 — 98,55	«	76,85
1442.	248,75 — 196,58	«	52,17
1443.	456,28 — 397,44	«	58,84
1444.	149,56 — 94,84	«	54,72
1445.	741,05 — 359,65	«	381,40
1446.	234,56 — 149,26	«	85,30
1447.	357,12 — 185,45	«	171,67
1448.	725,15 — 372,50	«	352,65
1449.	129,75 — 96,25	«	33,50

1450	434,04 — 275,22	Rép.	154,82
1451.	824,40 — 728,17	«	96,23
1452.	172,45 — 129,80	«	42,65
1453.	234,18 — 219,75	«	14,43
1454.	348,27 — 267,52	«	80,75
1455.	540,04 — 364,06	«	175,98
1456.	551,26 — 548,74	«	2,52
1457.	716,17 — 627,51	«	88,66
1458.	844,45 — 755,60	«	88,85
1459.	613,70 — 528,45	«	85,25
1460.	398,20 — 147,45	«	250,75
1461.	868,75 — 397,82	«	470,93
1462.	235,71 — 195,54	«	40,17
1463.	648,20 — 596,32	«	51,88
1464.	318,18 — 275,45	«	42,73
1465.	425,30 — 192,55	«	232,75
1466.	643,05 — 187,72	«	455,33
1467.	248,37 — 184,39	«	63,98
1468.	506,15 — 428,70	«	77,45
1469.	771,70 — 168,85	«	602,85
1470.	654,32 — 587,25	«	67,07
1471.	372,75 — 285,20	«	87,55
1472.	429,10 — 248,55	«	180,55
1473.	596,95 — 498,29	«	98,66
1474.	612,62 — 573,45	«	39,17
1475.	471,20 — 382,35	«	88,85
1476.	568,30 — 487,50	«	80,80
1477.	222,50 — 184,45	«	38,05
1478.	216,40 — 192,55	«	23,85
1479.	774,48 — 389,54	«	384,94
1480.	349,27 — 297,52	«	51,75
1481.	925,15 — 798,40	«	126,75
1482.	406,30 — 295,45	«	110,85
1483.	516,32 — 453,52	«	62,80
1484.	414,40 — 192,50	«	221,90
1485.	338,70 — 164,85	«	173,85
1486.	621,20 — 536,45	«	84,75
1487.	517,25 — 429,75	«	87,50
1488.	722,25 — 644,55	«	77,70
1489.	432,00 — 259,16	«	172,84

1490.	567,32 — 450,25	**Rép.**	108,07
1491.	677,45 — 589,50	«	87,95
1492.	355,60 — 284,95	«	70,65
1493.	444,45 — 398,75	«	45,70
1494.	258,16 — 187,50	«	70,66
1495.	825,72 — 755,82	«	69,90
1496.	1480,25 — 942,50	**Rép.**	537,75
1497.	2643,25 — 986,40	«	1656,85
1498.	3748,00 — 519,45	«	3228,55
1499.	8445,25 — 3778,15	«	4667,10
1500.	6704,20 — 2886,75	«	3817,45
1501.	7043,70 — 2855,15	«	4188,55
1502.	6042,25 — 3957,12	«	2085,13
1503.	2054,45 — 1856,35	«	198,10
1504.	3306,21 — 2859,40	«	446,81
1505.	4022,60 — 3654,35	«	368,25
1506.	5560,45 — 2754,55	«	2805,90
1507.	6400,15 — 3925,50	«	2474,65
1508.	7042,20 — 3254,17	«	3788,03
1509.	8406,42 — 7359,25	«	1047,17
1510.	9940,15 — 8659,25	«	1280,90
1511.	8425,70 — 7632,59	«	793,11
1512.	7620,40 — 3954,35	«	3666,05
1513.	6223,05 — 3257,15	«	2965,90
1514.	2354,35 — 1849,50	«	504,85
1515.	3456,48 — 2784,60	«	671,88
1516.	4245.75 — 3872,80	«	372,95
1517.	5600,20 — 4807,40	«	792,80
1518.	3019,45 — 2642,55	«	376,90
1519.	4141,61 — 2856,35	«	1285,26
1520.	5025,41 — 3851,48	«	1173,93
1521.	6112,42 — 3243,51	«	2868,91
1522.	2024,72 — 1652,25	«	372,47
1523.	3343,06 — 2559,48	«	783,58
1524.	5030,25 — 3650,72	«	1379,53
1525.	4308,80 — 2745,75	«	1563,05
1526.	6030,40 — 2830,75	«	3199,65
1527.	4876,27 — 2959,42	«	1916,85
1528.	5127,31 — 2541,52	«	2785,79

1529.	6720,72 — 3943,26	**Rép.**	2777,46
1530.	4017,16 — 2026,54	"	1990,62
1531.	3047,48 — 2653,25	"	394,23
1532.	4632,15 — 2657,45	"	1974,70
1533.	6048,55 — 4354,25	"	1684,30
1534.	7043,20 — 6256,50	"	786,70
1535.	6407,25 — 3952,45	"	2454,80
1536.	1063,40 — 984,55	"	78,85
1537.	2356,29 — 1837,45	"	518,84
1538.	3210,08 — 2654,09	"	555,99
1539.	4567,60 — 2528,45	"	2039,15
1540.	3141,51 — 2654,25	"	487,26
1541.	2840,17 — 1575,85	"	1264,32
1542.	3600,25 — 2804,75	"	795,50
1543.	4225,06 — 2639,25	"	1585,81
1544.	5455,00 — 3548,15	"	1906,85
1545.	3884,08 — 2785,24	"	1098,84
1546.	4210,19 — 2735,15	"	1475,04
1547.	5227,47 — 3259,12	"	1968,35
1548.	6620,20 — 3742,50	"	2877,70
1549.	7421,21 — 3652,01	"	3769,20
1550.	8064,95 — 7429,58	"	635,37
1551.	5050,45 — 3084,20	"	1966,25
1552.	4506,32 — 3954,72	"	551,60
1553.	3409,10 — 3258,60	"	150,50
1554.	2600,45 — 1945,20	"	655,25
1555.	1420,72 — 1275,45	"	145,27
1556.	2021,65 — 1634,25	"	387,40
1557.	3767,90 — 2982,45	"	785,45
1558.	4778,00 — 2829,60	"	1948,40
1559.	3900,28 — 2709,75	"	1190,53
1560.	4347,36 — 2739,18	"	1608,18
1561.	7042,70 — 5639,27	"	1403,43
1562.	6741,25 — 2739,72	"	4001,53
1563.	3636,36 — 2928,29	"	708,07
1564.	4158,32 — 3764,16	"	394,16
1565.	3101,29 — 2748,54	"	352,75
1566.	4141,60 — 2653,25	"	1488,35
1567.	2806,40 — 2759,54	"	46,86

§ III. Multiplications.

1568.	321 × 4	Rép.	1284	**1605.**	845 × 29	«	24505
1569.	253 × 3	«	759	**1606.**	307 × 92	«	28244
1570.	642 × 2	«	1284	**1607.**	775 × 34	«	26350
1571.	356 × 5	«	1780	**1608.**	572 × 43	«	24596
1572.	748 × 6	«	4488	**1609.**	806 × 45	«	36270
1573.	234 × 7	«	1638	**1610.**	918 × 54	«	49572
1574.	416 × 8	«	3328	**1611.**	348 × 46	«	16008
1575.	325 × 9	«	2925	**1612.**	795 × 64	«	50880
1576.	212 × 21	«	4452	**1613.**	829 × 47	«	38963
1577.	313 × 12	«	3756	**1614.**	195 × 74	«	14430
1578.	425 × 13	«	5525	**1615.**	247 × 48	«	11856
1579.	526 × 31	«	16306	**1616.**	392 × 84	«	32928
1580.	408 × 14	«	5712	**1617.**	768 × 49	«	37632
1581.	719 × 41	«	29479	**1618.**	250 × 94	«	23500
1582.	318 × 15	«	4770	**1619.**	665 × 56	«	37240
1583.	516 × 51	«	26316	**1620.**	392 × 65	«	25480
1584.	325 × 16	«	5200	**1621.**	889 × 57	«	50673
1585.	742 × 61	«	45262	**1622.**	758 × 75	«	56850
1586.	525 × 17	«	8925	**1623.**	190 × 58	«	11020
1587.	640 × 71	«	45440	**1624.**	847 × 85	«	71995
1588.	815 × 18	«	14670	**1625.**	694 × 59	«	40946
1589.	635 × 81	«	51435	**1626.**	178 × 95	«	16910
1590.	912 × 19	«	17328	**1627.**	478 × 67	«	32026
1591.	647 × 91	«	58877	**1628.**	849 × 76	«	64524
1592.	348 × 20	«	6960	**1629.**	598 × 68	«	40664
1593.	516 × 23	«	11868	**1630.**	827 × 86	«	71122
1594.	753 × 32	«	24096	**1631.**	328 × 69	«	22632
1595.	657 × 24	«	15768	**1632.**	747 × 96	«	71712
1596.	815 × 42	«	34230	**1633.**	824 × 78	«	64272
1597.	716 × 25	«	17900	**1634.**	198 × 87	«	17226
1598.	441 × 52	«	22932	**1635.**	319 × 79	«	25201
1599.	637 × 26	«	16562	**1636.**	558 × 97	«	54126
1600.	749 × 62	«	46438	**1637.**	841 × 89	«	74849
1601.	841 × 27	«	22707	**1638.**	796 × 98	«	78008
1602.	319 × 72	«	22968	**1639.**	149 × 320	«	47680
1603.	519 × 28	«	14532	**1640.**	640 × 230	«	147200
1604.	608 × 82	«	49856	**1641.**	872 × 540	«	470880

1642. 762 × 450	**Rép.**	342900	**1656.** 592 × 430	**Rép.**	254560
1643. 919 × 640	«	588160	**1657.** 339 × 720	«	244080
1644. 872 × 460	«	401120	**1658.** 908 × 270	«	245160
1645. 525 × 370	«	194250	**1659.** 677 × 490	«	331730
1646. 643 × 730	«	469390	**1660.** 339 × 940	«	318660
1647. 917 × 570	«	522690	**1661.** 177 × 530	«	93810
1648. 718 × 750	«	538500	**1662.** 887 × 350	«	310450
1649. 608 × 480	«	291840	**1663.** 927 × 780	«	723060
1650. 825 × 840	«	693000	**1664.** 645 × 870	«	561150
1651. 378 × 360	«	136080	**1665.** 454 × 290	«	131660
1652. 409 × 630	«	257670	**1666.** 571 × 920	«	525320
1653. 871 × 820	«	714220	**1667.** 877 × 690	«	605130
1654. 619 × 280	«	173320	**1668.** 796 × 960	«	764160
1655. 743 × 340	«	252620	**1669.** 374 × 980	«	366520

1670.	1064 × 832	**Rép.**	885248
1671.	2574 × 325	«	836550
1672.	3741 × 631	«	2360571
1673.	5425 × 542	«	2940350
1674.	6452 × 453	«	2922756
1675.	3877 × 672	«	2605344
1676.	8375 × 278	«	2328250
1677.	1971 × 576	«	1135296
1678.	7643 × 657	«	5021451
1679.	4827 × 245	«	1182615
1680.	2883 × 451	«	1300233
1681.	6067 × 527	«	3197309
1682.	7309 × 619	«	4524271
1683.	8827 × 725	«	6399575
1684.	9413 × 848	«	7982224
1685.	8374 × 657	«	5501718
1686.	7408 × 519	«	3844752
1687.	6208 × 458	«	2843264
1688.	1632 × 97	«	158304
1689.	6372 × 434	«	2765448
1690.	1998 × 743	«	1484514
1691.	2543 × 667	«	1696181
1692.	3395 × 576	«	1955520
1693.	1635 × 148	«	241980
1694.	2536 × 618	«	1567248

1695.	2527×675	**Rép.**	1 705 725
1696.	4325×392	«	1 695 400
1697.	5428×547	«	2 969 116
1698.	2787×467	«	1 301 529
1699.	6153×539	«	3 316 467
1700.	7417×623	«	4 620 791
1701.	8875×734	«	6 514 250
1702.	9341×905	«	8 453 605
1703.	8248×664	«	5 476 672
1704.	7607×526	«	4 001 282
1705.	6325×463	«	2 928 475
1706.	3425×143	«	489 775
1707.	2953×345	«	1 018 785
1708.	3627×347	«	1 258 569
1709.	9791×495	«	4 846 545
1710.	4497×495	«	2 226 015
1711.	2172×257	«	558 204
1712.	3445×419	«	1 443 455
1713.	3446×874	«	3 011 804
1714.	4466×397	«	1 773 002
1715.	5372×453	«	2 433 516
1716.	2659×475	«	1 263 025
1717.	6289×543	«	3 414 927
1718.	7550×637	«	4 809 350
1719.	8606×751	«	6 463 106
1720.	9431×874	«	8 242 694
1721.	8192×673	«	5 513 216
1722.	7503×537	«	4 029 111
1723.	6445×472	«	3 042 040
1724.	2072×348	«	721 056
1725.	7740×358	«	2 770 920
1726.	4506×853	«	3 843 618
1727.	8045×392	«	3 153 640
1728.	5526×392	«	2 166 192
1729.	3097×481	«	1 489 657
1730.	4072×347	«	1 412 984
1731.	4459×765	«	3 411 135
1732.	4557×376	«	1 713 432
1733.	5219×497	«	2 593 843
1734.	2558×485	«	1 240 630

1735.	$6\,338 \times 568$	**Rép.**	3 599 984
1736.	$7\,601 \times 642$	«	4 879 842
1737.	$8\,996 \times 748$	«	6 729 008
1738.	$9\,972 \times 897$	«	8 944 884
1739.	$8\,447 \times 687$	«	5 803 089
1740.	$7\,802 \times 558$	«	4 353 516
1741.	$6\,558 \times 487$	«	3 193 746
1742.	$5\,077 \times 403$	«	2 046 031
1743.	$6\,352 \times 347$	«	2 204 144
1744.	$5\,831 \times 534$	«	3 113 754
1745.	$6\,747 \times 340$	«	2 293 980
1746.	$6\,366 \times 285$	«	1 814 310
1747.	$4\,176 \times 578$	«	2 413 728
1748.	$3\,600 \times 948$	«	3 412 800
1749.	$5\,657 \times 339$	«	1 917 723
1750.	$4\,667 \times 359$	«	1 675 453
1751.	$5\,193 \times 429$	«	2 227 797
1752.	$2\,464 \times 493$	«	1 214 752
1753.	$6\,408 \times 577$	«	3 697 416
1754.	$7\,092 \times 659$	«	4 673 628
1755.	$8\,655 \times 776$	«	6 716 280
1756.	$9\,637 \times 825$	«	7 950 525
1757.	$8\,309 \times 696$	«	5 783 064
1758.	$7\,960 \times 572$	«	4 553 120
1759.	$6\,783 \times 496$	«	3 364 368
1760.	$1\,284 \times 352$	«	451 968
1761.	$2\,543 \times 257$	«	653 551
1762.	$4\,608 \times 205$	«	944 640
1763.	$5\,643 \times 520$	«	2 934 360
1764.	$1\,494 \times 828$	«	1 237 032
1765.	$7\,228 \times 419$	«	3 028 532
1766.	$8\,187 \times 517$	«	4 232 679
1767.	$9\,106 \times 627$	«	5 709 462
1768.	$1\,997 \times 708$	«	1 413 876
1769.	$2\,839 \times 884$	«	2 509 676
1770.	$3\,517 \times 917$	«	3 225 089
1771.	$4\,429 \times 815$	«	3 609 635
1772.	$5\,025 \times 747$	«	3 753 675
1773.	$6\,627 \times 697$	«	4 619 019
1774.	$7\,025 \times 591$	«	4 151 775

1775.	$8\,285 \times 579$	**Rép.**	$4\,797\,015$
1776.	$9\,273 \times 683$	"	$6\,333\,459$
1777.	$8\,487 \times 625$	"	$5\,304\,375$
1778.	$2\,632 \times 743$	"	$1\,955\,576$
1779.	$3\,497 \times 257$	"	$898\,729$
1780.	$1\,075 \times 892$	"	$958\,900$
1781.	$7\,228 \times 536$	"	$3\,874\,208$
1782.	$5\,772 \times 836$	"	$4\,825\,392$
1783.	$6\,027 \times 429$	"	$2\,585\,583$
1784.	$7\,039 \times 558$	"	$3\,927\,762$
1785.	$8\,253 \times 609$	"	$5\,026\,077$
1786.	$9\,209 \times 717$	"	$6\,602\,853$
1787.	$1\,878 \times 877$	"	$1\,647\,006$
1788.	$2\,774 \times 935$	"	$2\,593\,690$
1789.	$3\,715 \times 878$	"	$3\,261\,770$
1790.	$4\,525 \times 759$	"	$3\,434\,475$
1791.	$5\,136 \times 679$	"	$3\,487\,344$
1792.	$6\,475 \times 427$	"	$2\,764\,825$
1793.	$7\,225 \times 456$	"	$3\,294\,600$
1794.	$8\,372 \times 495$	"	$4\,144\,140$
1795.	$9\,925 \times 498$	"	$4\,942\,650$
1796.	$1\,063 \times 506$	"	$537\,878$
1797.	$3\,975 \times 840$	"	$3\,339\,000$
1798.	$5\,194 \times 527$	"	$2\,737\,238$
1799.	$6\,410 \times 567$	"	$3\,634\,470$
1800.	$7\,409 \times 898$	"	$6\,653\,282$
1801.	$5\,808 \times 429$	"	$2\,491\,632$
1802.	$6\,174 \times 569$	"	$3\,513\,006$
1803.	$7\,378 \times 674$	"	$4\,972\,772$
1804.	$8\,345 \times 726$	"	$6\,058\,470$
1805.	$9\,304 \times 869$	"	$8\,085\,176$
1806.	$1\,775 \times 928$	"	$1\,647\,200$
1807.	$2\,939 \times 839$	"	$2\,465\,821$
1808.	$3\,649 \times 706$	"	$2\,576\,194$
1809.	$4\,637 \times 668$	"	$3\,097\,516$
1810.	$5\,247 \times 549$	"	$2\,880\,603$
1811.	$6\,317 \times 926$	"	$5\,849\,542$
1812.	$7\,329 \times 890$	"	$6\,522\,810$
1813.	$8\,567 \times 592$	"	$5\,071\,664$
1814.	$6\,492 \times 743$	"	$4\,823\,556$

1815.	$5\,277 \times 629$	**Rép.**	$3\,319\,233$
1816.	$4\,528 \times 829$	«	$3\,753\,712$
1817.	$5\,227 \times 588$	«	$3\,073\,476$
1818.	$6\,521 \times 872$	«	$5\,686\,312$
1819.	$7\,330 \times 449$	«	$3\,291\,170$
1820.	$5\,027 \times 547$	«	$2\,749\,769$
1821.	$6\,248 \times 656$	«	$4\,098\,688$
1822.	$7\,446 \times 704$	«	$5\,241\,984$
1823.	$8\,419 \times 866$	«	$7\,290\,854$
1824.	$9\,506 \times 972$	«	$9\,239\,832$
1825.	$1\,676 \times 857$	«	$1\,436\,332$
1826.	$2\,628 \times 717$	«	$1\,884\,276$
1827.	$3\,118 \times 695$	«	$2\,167\,010$
1828.	$4\,817 \times 557$	«	$2\,683\,069$
1829.	$5\,358 \times 937$	«	$5\,020\,446$
1830.	$6\,209 \times 877$	«	$5\,445\,293$
1831.	$7\,456 \times 576$	«	$4\,294\,656$
1832.	$1\,754 \times 353$	«	$619\,162$
1833.	$6\,408 \times 530$	«	$3\,396\,240$
1834.	$3\,475 \times 743$	«	$2\,581\,925$
1835.	$4\,968 \times 594$	«	$2\,948\,022$
1836.	$5\,339 \times 894$	«	$4\,773\,066$
1837.	$6\,784 \times 458$	«	$3\,107\,072$
1838.	$7\,548 \times 534$	«	$4\,030\,632$
1839.	$5\,106 \times 678$	«	$3\,461\,868$
1840.	$6\,307 \times 758$	«	$4\,780\,706$
1841.	$7\,557 \times 855$	«	$6\,461\,235$
1842.	$8\,527 \times 956$	«	$8\,151\,812$
1843.	$9\,708 \times 865$	«	$8\,397\,420$
1844.	$1\,584 \times 778$	«	$1\,232\,352$
1845.	$2\,547 \times 674$	«	$1\,716\,678$
1846.	$3\,094 \times 817$	«	$2\,527\,798$
1847.	$4\,717 \times 982$	«	$4\,632\,094$
1848.	$5\,449 \times 838$	«	$4\,566\,262$
1849.	$6\,675 \times 519$	«	$3\,464\,325$
1850.	$23\,642 \times 528$	«	$12\,482\,976$
1851.	$36\,454 \times 1\,850$	«	$67\,439\,900$
1852.	$56\,431 \times 839$	«	$47\,345\,609$
1853.	$6\,275 \times 1\,560$	«	$9\,789\,000$
1854.	$71\,213 \times 382$	«	$27\,203\,366$

1855.	$8\,978 \times 416$	**Rép.**	$3\,734\,848$
1856.	$12\,731 \times 538$	«	$6\,849\,278$
1857.	$13\,562 \times 748$	«	$10\,144\,376$
1858.	$15\,947 \times 2\,603$	«	$41\,510\,041$
1859.	$23\,426 \times 854$	«	$20\,005\,804$
1860.	$24\,874 \times 974$	«	$24\,227\,276$
1861.	$25\,070 \times 238$	«	$5\,966\,660$
1862.	$26\,940 \times 1\,540$	«	$41\,487\,600$
1863.	$27\,879 \times 2\,350$	«	$65\,515\,650$
1864.	$30\,345 \times 526$	«	$15\,961\,470$
1865.	$31\,528 \times 743$	«	$23\,425\,304$
1866.	$33\,497 \times 625$	«	$20\,935\,625$
1867.	$39\,620 \times 382$	«	$15\,134\,840$
1868.	$32\,064 \times 845$	«	$27\,094\,080$
1869.	$13\,526 \times 4\,530$	«	$61\,272\,780$
1870.	$2\,547 \times 1\,709$	«	$4\,352\,823$
1871.	$41\,542 \times 238$	«	$9\,886\,996$
1872.	$42\,675 \times 459$	«	$19\,587\,825$
1873.	$43\,048 \times 643$	«	$27\,679\,864$
1874.	$44\,506 \times 775$	«	$34\,492\,150$
1875.	$45\,398 \times 895$	«	$40\,631\,210$
1876.	$52\,632 \times 674$	«	$35\,473\,968$
1877.	$53\,481 \times 2\,605$	«	$139\,318\,005$
1878.	$32\,054 \times 2\,741$	«	$87\,860\,014$
1879.	$40\,681 \times 3\,704$	«	$150\,682\,424$
1880.	$9\,429 \times 1\,608$	«	$15\,161\,832$
1881.	$19\,072 \times 2\,805$	«	$53\,496\,960$
1882.	$23\,481 \times 1\,845$	«	$43\,322\,445$
1883.	$37\,802 \times 2\,067$	«	$78\,136\,734$
1884.	$38\,703 \times 2\,085$	«	$80\,695\,755$
1885.	$39\,905 \times 2\,098$	«	$83\,720\,690$
1886.	$45\,028 \times 327$	«	$14\,724\,156$
1887.	$8\,527 \times 1\,643$	«	$14\,009\,861$
1888.	$36\,758 \times 374$	«	$13\,747\,492$
1889.	$56\,301 \times 914$	«	$51\,459\,114$
1890.	$52\,743 \times 1\,808$	«	$95\,359\,344$
1891.	$50\,632 \times 749$	«	$37\,923\,368$
1892.	$51\,408 \times 848$	«	$43\,593\,934$
1893.	$53\,674 \times 867$	«	$46\,535\,358$
1894.	$56\,740 \times 676$	«	$38\,356\,240$

1895.	$48\,704 \times 7\,607$	**Rép.**	$370\,491\,328$
1896.	$38\,065 \times 2\,887$	«	$109\,893\,655$
1897.	$40\,350 \times 3\,902$	«	$157\,480\,848$
1898.	$9\,874 \times 2\,307$	«	$22\,779\,318$
1899.	$19\,184 \times 2\,740$	«	$52\,564\,160$
1900.	$24\,586 \times 1\,762$	«	$43\,320\,532$
1901.	$30\,495 \times 5\,074$	«	$152\,754\,630$
1902.	$37\,525 \times 5\,056$	«	$189\,731\,456$
1903.	$37\,978 \times 6\,037$	«	$229\,273\,186$
1904.	$5\,643 \times 358$	«	$2\,020\,194$
1905.	$24\,319 \times 1\,503$	«	$36\,551\,457$
1906.	$48\,319 \times 526$	«	$25\,415\,794$
1907.	$46\,075 \times 1\,420$	«	$65\,426\,500$
1908.	$47\,095 \times 1\,250$	«	$58\,868\,750$
1909.	$40\,763 \times 1\,360$	«	$55\,437\,680$
1910.	$49\,025 \times 2\,425$	«	$118\,885\,625$
1911.	$48\,072 \times 2\,430$	«	$116\,814\,960$
1912.	$58\,394 \times 625$	«	$36\,496\,250$
1913.	$35\,648 \times 8\,407$	«	$299\,692\,736$
1914.	$39\,075 \times 2\,895$	«	$113\,122\,125$
1915.	$40\,876 \times 3\,803$	«	$155\,451\,428$
1916.	$9\,927 \times 3\,506$	«	$34\,804\,062$
1917.	$19\,265 \times 2\,690$	«	$51\,822\,850$
1918.	$22\,794 \times 1\,664$	«	$37\,929\,216$
1919.	$40\,531 \times 1\,880$	«	$76\,198\,280$
1920.	$40\,874 \times 1\,309$	«	$53\,504\,066$
1921.	$40\,997 \times 1\,407$	«	$57\,682\,779$
1922.	$34\,309 \times 197$	«	$6\,758\,873$
1923.	$59\,630 \times 1\,260$	«	$75\,133\,800$
1924.	$57\,849 \times 2\,358$	«	$136\,407\,942$
1925.	$55\,044 \times 2\,964$	«	$163\,150\,416$
1926.	$58\,325 \times 3\,748$	«	$218\,602\,100$
1927.	$56\,097 \times 4\,425$	«	$250\,884\,225$
1928.	$49\,839 \times 4\,535$	«	$226\,019\,865$
1929.	$57\,078 \times 4\,667$	«	$266\,383\,026$
1930.	$58\,749 \times 4\,880$	«	$286\,695\,120$
1931.	$46\,978 \times 5\,351$	«	$251\,379\,278$
1932.	$55\,879 \times 5\,647$	«	$315\,548\,713$
1933.	$52\,878 \times 5\,778$	«	$305\,529\,084$
1934.	$54\,888 \times 6\,603$	«	$362\,425\,464$

1935.	48 578 × 6 845	**Rép.**	332 516 410
1936.	52 968 × 6 074	«	321 727 632
1937.	50 948 × 6 175	«	314 603 900
1938.	49 849 × 6 374	«	317 737 526
1939.	51 347 × 6 879	«	353 216 013
1940.	48 250 × 648	«	31 266 000
1941.	61 630 × 7 850	«	483 795 500
1942.	62 748 × 6 243	«	391 735 764
1943.	66 970 × 6 350	«	425 259 500
1944.	65 497 × 6 763	«	442 956 211
1945.	63 067 × 6 267	«	395 240 889
1946.	64 549 × 6 885	«	444 419 865
1947.	56 989 × 6 379	«	363 532 831
1948.	57 473 × 7 048	«	405 069 704
1949.	66 741 × 7 950	«	530 590 950
1950.	67 427 × 7 874	«	530 920 198
1951.	68 809 × 7 385	«	508 154 465
1952.	62 850 × 7 247	«	455 473 950
1953.	58 974 × 7 356	«	433 812 744
1954.	58 244 × 8 040	«	468 281 760
1955.	39 988 × 8 201	«	327 941 588
1956.	28 997 × 8 387	«	243 197 839
1957.	47 988 × 8 924	«	428 244 912
1958.	70 791 × 3 529	«	249 821 439
1959.	71 920 × 4 980	«	358 161 600
1960.	72 836 × 5 260	«	383 117 360
1961.	73 378 × 5 795	«	425 225 510
1962.	79 920 × 5 887	«	470 489 040
1963.	78 639 × 8 975	«	705 783 025
1964.	77 675 × 8 687	«	674 762 725
1965.	70 490 × 8 770	«	618 197 300
1966.	80 306 × 8 969	«	720 264 514
1967.	81 820 × 8 870	«	725 743 400
1968.	59 979 × 9 604	«	576 038 316
1969.	72 975 × 9 375	«	684 140 625
1970.	84 378 × 9 827	«	829 182 606
1971.	58 790 × 9 700	«	570 263 000
1972.	82 009 × 8 704	«	713 806 336
1973.	84 070 × 7 650	«	643 135 500
1974.	85 900 × 14 800	«	1 271 320 000

1975.	92 780 × 8 680	Rép.	805 330 400
1976.	81 257 × 3 870	«	314 464 300
1977.	82 385 × 9 630	«	793 367 550
1978.	83 077 × 7 860	«	652 085 220
1979.	84 975 × 8 359	«	710 306 025
1980.	85 072 × 7 476	«	635 998 272
1981.	84 985 × 8 957	«	761 210 645
1982.	86 772 × 9 684	«	840 300 048
1983.	87 995 × 9 925	«	873 350 375
1984.	88 693 × 9 827	«	871 586 111
1985.	89 920 × 9 670	«	869 526 400
1986.	92 813 × 8 976	«	833 089 488
1987.	93 370 × 6 900	«	644 253 000
1988.	94 607 × 7 809	«	738 786 063
1989.	95 438 × 9 698	«	925 357 724
1990.	98 908 × 9 548	«	944 373 584
1991.	97 650 × 4 900	«	478 485 000
1992.	96 845 × 9 694	«	938 815 430
1993.	99 328 × 9 887	«	982 055 936
1994.	7 294,2 × 76,14	«	555 380,388
1995.	1 369,4 × 7,54	«	10 325,276
1996.	1 453,7 × 24,08	«	35 005,096
1997.	2 476,7 × 137,4	«	340 298,58
1998.	3 529,2 × 48,05	«	169 578,06
1999.	7 489,8 × 276,8	«	2 073 176,64
2000.	563,74 × 18,82	«	10 609,5868
2001.	674,57 × 26,25	«	17 707,4625
2002.	849,48 × 76,35	«	64 857,798
2003.	1 764,8 × 18,06	«	31 872,288
2004.	2 436,5 × 825,4	«	2 011 087,1
2005.	2 534,8 × 23,55	«	59 694,54
2006.	3 495,8 × 235,6	«	823 610,48
2007.	3 594,4 × 356,5	«	1 281 403,6
2008.	4 351,65 × 26,14	«	113 752,131
2009.	4 072,6 × 234,5	«	955 024,7
2010.	4 807,4 × 38,25	«	183 883,05
2011.	5 630,8 × 482,5	«	2 716 861
2012.	9 626,5 × 14,85	«	142 953,525
2013.	265,42 × 32,57	«	8 644,7294
2014.	3 497,5 × 86,25	«	301 659,375

2015.	$438,75 \times 16,28$	**Rép.**	$7\,142,85$
2016.	$458,45 \times 235,6$	«	$108\,010,82$
2017.	$3\,645,2 \times 262,5$	«	$956\,865$
2018.	$3\,243,3 \times 625,1$	«	$2\,027\,386,83$
2019.	$4\,256,25 \times 22,06$	«	$93\,892,875$
2020.	$1\,459,28 \times 36,05$	«	$52\,607,044$
2021.	$4\,935,2 \times 62,41$	«	$308\,005,832$
2022.	$2\,536,42 \times 14,35$	«	$36\,397,627$
2023.	$5\,639,8 \times 54,7$	«	$308\,497,06$
2024.	$6\,845,4 \times 327,5$	«	$2\,241\,868,5$
2025.	$6\,042,8 \times 86,45$	«	$522\,400,06$
2026.	$7\,430,7 \times 69,5$	«	$516\,433,65$
2027.	$7\,308,6 \times 73,9$	«	$540\,105,54$
2028.	$862,54 \times 324,5$	«	$279\,894,23$
2029.	$8\,069,08 \times 13,05$	«	$105\,301,494$
2030.	$83,421 \times 6,254$	«	$521,714934$
2031.	$403,55 \times 28,04$	«	$11\,315,542$
2032.	$7\,764,7 \times 198,5$	«	$1\,541\,292,95$
2033.	$7\,243,9 \times 526,4$	«	$3\,813\,188,96$
2034.	$6\,743,4 \times 815,6$	«	$5\,499\,917,04$
2035.	$1\,520,25 \times 26,82$	«	$40\,773,105$
2036.	$594,38 \times 76,25$	«	$45\,321,475$
2037.	$8\,321,2 \times 134,5$	«	$1\,119\,201,4$
2038.	$7\,348,5 \times 4\,264$	«	$31\,334\,004$
2039.	$934,56 \times 3,85$	«	$3\,598,056$
2040.	$563,43 \times 25,64$	«	$14\,446,3452$
2041.	$894,54 \times 79,5$	«	$71\,115,93$
2042.	$807,25 \times 23,54$	«	$19\,002,665$
2043.	$7\,630,25 \times 48,4$	«	$369\,304,1$
2044.	$7\,924,6 \times 423,5$	«	$3\,356\,068,1$
2045.	$625,45 \times 32,36$	«	$20\,239,562$
2046.	$985,25 \times 74,5$	«	$73\,401,125$
2047.	$9\,630,8 \times 85,6$	«	$824\,396,48$
2048.	$37,483 \times 19,56$	«	$733,16748$
2049.	$387,84 \times 29,05$	«	$11\,266,752$
2050.	$839,70 \times 36,48$	«	$30\,632,256$
2051.	$8\,274,45 \times 85,6$	«	$708\,292,92$
2052.	$6\,340,2 \times 26,03$	«	$165\,035,406$
2053.	$3\,405,75 \times 23,54$	«	$80\,171,355$
2054.	$635,74 \times 29,65$	«	$18\,849,691$

2055.	$863,72 \times 17,45$	**Rép.**	$15\,071,914$
2056.	$326,44 \times 885$	«	$288\,899,4$
2057.	$887,52 \times 84,5$	«	$74\,995,44$
2058.	$587,48 \times 34,65$	«	$20\,356,182$
2059.	$1\,635,75 \times 54,8$	«	$89\,639,1$
2060.	$625,92 \times 32,85$	«	$20\,561,472$
2061.	$2\,063,45 \times 25,24$	«	$52\,081,478$
2062.	$7\,839,4 \times 724,5$	«	$5\,679\,645,3$
2063.	$6\,043,24 \times 128,5$	«	$776\,556,34$
2064.	$9\,495,6 \times 394,5$	«	$3\,746\,014,2$
2065.	$9\,527,8 \times 37,5$	«	$357\,292,5$
2066.	$1\,433,56 \times 18,57$	«	$26\,621,2092$
2067.	$286,343 \times 1,975$	«	$565,527425$
2068.	$314,841 \times 27,58$	«	$8\,683,31478$
2069.	$327,591 \times 29,64$	«	$9\,709,79724$
2070.	$179,451 \times 39,08$	«	$7\,012,94508$
2071.	$1\,948,52 \times 38,43$	«	$74\,881,6236$
2072.	$242,754 \times 37,65$	«	$9\,139,6881$
2073.	$228,87 \times 364,8$	«	$83\,491,776$
2074.	$219,951 \times 8,96$	«	$1\,970,76096$
2075.	$312,742 \times 2,565$	«	$802,18323$
2076.	$2\,085,63 \times 19,87$	«	$41\,441,4681$
2077.	$3\,297,56 \times 85,25$	«	$281\,116,99$
2078.	$3\,748,26 \times 27,45$	«	$102\,889,737$
2079.	$4\,725,42 \times 39,56$	«	$186\,937,6152$
2080.	$562,875 \times 3,664$	«	$2\,062,374$
2081.	$5\,943,25 \times 82,72$	«	$491\,625,64$
2082.	$5\,840,35 \times 63,04$	«	$368\,175,664$
2083.	$6\,772,45 \times 63,08$	«	$427\,206,146$
2084.	$2\,563,43 \times 18,47$	«	$47\,346,5521$
2085.	$362,485 \times 2,935$	«	$1\,063,893475$
2086.	$5\,398,25 \times 46,34$	«	$250\,154,905$
2087.	$1\,763,75 \times 89,24$	«	$157\,397,05$
2088.	$2\,456,25 \times 25,54$	«	$62\,732,625$
2089.	$3\,060,75 \times 83,64$	«	$256\,001,13$
2090.	$4\,832,24 \times 56,35$	«	$272\,296,724$
2091.	$3\,527,28 \times 29,45$	«	$103\,878,396$
2092.	$2\,632,05 \times 84,13$	«	$221\,434,3665$
2093.	$1\,977,58 \times 36,67$	«	$72\,517,8586$
2094.	$45\,638,2 \times 546,5$	«	$24\,941\,276,3$

2095.	$4\,687,44 \times 36,85$	**Rép.**	$172\,732,164$
2096.	$3\,974,75 \times 46,25$	«	$183\,832,1875$
2097.	$4\,837,67 \times 29,56$	«	$143\,001,5252$
2098.	$7\,256,17 \times 384,7$	«	$2\,791\,448,599$
2099.	$14\,975,8 \times 632,5$	«	$9\,472\,193.5$
2100.	$37\,635,43 \times 82,72$	«	$3\,113\,202,7696$
2101.	$65\,425,44 \times 86,25$	«	$5\,642\,944,2$
2102.	$139,423 \times 5,63$	«	$784,951\,49$
2103.	$243,543 \times 36,28$	«	$8\,835,74004$
2104.	$5\,629,45 \times 26,54$	«	$149\,405.603$
2105.	$1\,935,89 \times 18,75$	«	$36\,297,9375$
2106.	$2\,987,35 \times 36,38$	«	$108\,679,793$
2107.	$4\,287,39 \times 23,87$	«	$102\,339,9993$
2108.	$5\,624,82 \times 39,45$	«	$221\,899,149$
2109.	$983,782 \times 32,55$	«	$32\,022,1041$
2110.	$482,745 \times 9,324$	«	$4\,501,11438$
2111.	$3\,775,44 \times 260,5$	«	$983\,502,12$
2112.	$4\,059,48 \times 37,65$	«	$152\,839,422$
2113.	$4\,987,5 \times 932,4$	«	$4\,650\,345$
2114.	$18\,956,8 \times 43,75$	«	$829\,360$
2115.	$5\,624,37 \times 32,67$	«	$183\,748,1679$
2116.	$6\,794,56 \times 78,54$	«	$533\,644,7424$
2117.	$6\,084,36 \times 295,6$	«	$1\,798\,536,816$
2118.	$39\,472,8 \times 622,5$	«	$24\,571\,818$
2119.	$73\,318,5 \times 624,5$	«	$45\,787\,403,25$
2120.	$486,35 \times 24,24$	«	$11\,789,124$
2121.	$196,084 \times 3,535$	«	$693,15694$
2122.	$8\,630,25 \times 84,94$	«	$733\,053,435$
2123.	$4\,526,72 \times 84,25$	«	$381\,376,16$
2124.	$948,28 \times 46,35$	«	$43\,952,778$
2125.	$2\,534,18 \times 56,45$	«	$143\,054,461$
2126.	$4\,825,75 \times 36,24$	«	$174\,885,18$
2127.	$962,534 \times 2,625$	«	$2\,526,65175$
2128.	$8\,345,28 \times 67,57$	«	$563\,890,5696$
2129.	$8\,947,43 \times 63,69$	«	$569\,861,8167$
2130.	$9\,069,45 \times 23,54$	«	$213\,494,853$
2131.	$9\,942,05 \times 37,58$	«	$373\,622,239$
2132.	$5\,992,83 \times 65,84$	«	$394\,567,9272$
2133.	$6\,792,56 \times 369,5$	«	$2\,509\,850,92$
2134.	$9\,697,29 \times 38,54$	«	$373\,733,5866$

2135.	$8\,779{,}45 \times 36.58$	Rép.	321 152.281
2136.	$7\,986{,}42 \times 89{,}25$	«	712 787,985
2137.	$9\,939{,}87 \times 35{,}49$	«	352 765,9863

§ IV. Divisions.

2138.	856 : 2	Rép.	428	2171.	406 : 7	Rép.	58
2139.	748 : 2	«	374	2172.	483 : 7	«	69
2140.	972 : 2	«	486	2173.	504 : 7	«	72
2141.	531 : 3	«	177	2174.	644 : 7	«	92
2142.	762 : 3	«	254	2175.	763 : 7	«	109
2143.	819 : 3	«	273	2176.	875 : 7	«	125
2144.	627 : 3	«	209	2177.	966 : 7	«	138
2145.	524 : 4	«	131	2178.	176 : 8	«	22
2146.	716 : 4	«	179	2179.	272 : 8	«	34
2147.	948 : 4	«	237	2180.	464 : 8	«	58
2148.	692 : 4	«	173	2181.	392 : 8	«	49
2149.	576 : 4	«	144	2182.	504 : 8	«	63
2150.	925 : 5	«	185	2183.	600 : 8	«	75
2151.	975 : 5	«	195	2184.	768 : 8	«	96
2152.	830 : 5	«	166	2185.	872 : 8	«	109
2153.	850 : 5	«	170	2186.	992 : 8	«	124
2154.	795 : 5	«	159	2187.	144 : 8	«	18
2155.	675 : 5	«	135	2188.	756 : 9	«	84
2156.	570 : 5	«	114	2189.	162 : 9	«	18
2157.	490 : 5	«	98	2190.	207 : 9	«	23
2158.	846 : 6	«	141	2191.	306 : 9	«	34
2159.	882 : 6	«	147	2192.	423 : 9	«	47
2160.	684 : 6	«	114	2193.	477 : 9	«	53
2161.	486 : 6	«	81	2194.	567 : 9	«	63
2162.	738 : 6	«	123	2195.	603 : 9	«	67
2163.	828 : 6	«	138	2196.	648 : 9	«	72
2164.	288 : 6	«	48	2197.	747 : 9	«	83
2165.	888 : 6	«	148	2198.	819 : 9	«	91
2166.	574 : 7	«	82	2199.	846 : 9	«	94
2167.	672 : 7	«	96	2200.	918 : 9	«	102
2168.	168 : 7	«	24	2201.	972 : 9	«	108
2169.	245 : 7	«	35	2202.	981 : 9	«	109
2170.	322 : 7	«	46	2203.	637 : 7	«	91

2204.	944 : 8	**Rép.**	118	**2221.**	905 : 5	**Rép.**	181
2205.	980 : 7	«	140	**2222.**	654 : 6	«	109
2206.	952 : 8	«	119	**2223.**	780 : 6	«	130
2207.	942 : 6	«	157	**2224.**	856 : 8	«	107
2208.	985 : 5	«	197	**2225.**	984 : 8	«	123
2209.	988 : 4	«	247	**2226.**	873 : 9	«	97
2210.	785 : 5	«	151	**2227.**	774 : 9	«	86
2211.	864 : 6	«	144	**2228.**	3 848 : 8	«	481
2212.	783 : 9	«	87	**2229.**	7 965 : 5	«	1 593
2213.	903 : 7	«	129	**2230.**	8 736 : 12	«	728
2214.	968 : 8	«	121	**2231.**	8 475 : 15	«	565
2215.	702 : 9	«	78	**2232.**	8 475 : 25	«	339
2216.	765 : 9	«	85	**2233.**	8 360 : 11	«	760
2217.	774 : 6	«	129	**2234.**	1 729 : 13	«	133
2218.	840 : 5	«	168	**2235.**	2 156 : 14	«	154
2219.	776 : 4	«	194	**2236.**	4 851 : 21	«	231
2220.	690 : 5	«	138				

Calculer les entiers du quotient.

2237.	5 654 : 23	**Rép.** 245	Reste	19
2238.	7 965 : 32	« 248	«	29
2239.	8 087 : 24	« 336	«	23
2240.	9 385 : 42	« 223	«	19
2241.	9 698 : 52	« 186	«	26
2242.	8 635 : 26	« 332	«	3
2243.	9 643 : 34	« 283	«	21
2244.	5 687 : 33	« 172	«	11
2245.	6 882 : 62	« 111	«	«
2246.	8 073 : 27	« 299	«	«
2247.	9 420 : 72	« 130	«	60
2248.	8 641 : 28	« 308	«	17
2249.	6 970 : 82	« 85	«	«
2250.	8 975 : 29	« 309	«	14
2251.	7 648 : 92	« 83	«	12
2252.	5 770 : 34	« 169	«	24
2253.	8 925 : 43	« 207	«	24
2254.	6 095 : 35	« 174	«	5
2255.	7 400 : 53	« 139	«	33
2256.	8 100 : 36	« 225	«	«

2257.	5 277 : 63	Rép.	83	Reste	48
2258.	9 738 : 18	«	541	«	«
2259.	8 064 : 81	«	99	«	45
2260.	9 445 : 37	«	255	«	10
2261.	4 096 : 73	«	56	«	8
2262.	9 601 : 38	«	252	«	25
2263.	5 625 : 83	«	67	«	64
2264.	3 693 : 39	«	94	«	27
2265.	8 160 : 93	«	87	«	69
2266.	9 672 : 31	«	312	«	«
2267.	7 744 : 41	«	188	«	36
2268.	9 884 : 44	«	224	«	28
2269.	4 275 : 45	«	95	«	«
2270.	3 618 : 54	«	67	«	«
2271.	7 815 : 46	«	169	«	41
2272.	8 192 : 64	«	128	«	«
2273.	7 619 : 19	«	401	«	«
2274.	8 406 : 91	«	92	«	34
2275.	6 943 : 47	«	147	«	34
2276.	8 600 : 74	«	116	«	16
2277.	8 880 : 48	«	185	«	«
2278.	7 072 : 84	«	84	«	16
2279.	8 722 : 49	«	178	«	«
2280.	9 999 : 94	«	106	«	35
2281.	9 295 : 55	«	169	«	«
2282.	6 098 : 56	«	108	«	50
2283.	3 984 : 57	«	69	«	51
2284.	6 370 : 65	«	98	«	«
2285.	9 975 : 75	«	133	«	«
2286.	6 908 : 58	«	119	«	6
2287.	7 907 : 85	«	93	«	2
2288.	5 133 : 59	«	87	«	«
2289.	8 496 : 95	«	89	«	41
2290.	5 676 : 66	«	86	«	«
2291.	8 075 : 67	«	120	«	35
2292.	9 648 : 76	«	126	«	72
2293.	5 848 : 68	«	86	«	«
2294.	7 396 : 86	«	86	«	«
2295.	9 008 : 69	«	130	«	38
2296.	8 696 : 96	«	90	«	56

2297.	6 545 : 77	**Rép.**	85	Reste	«
2298.	7 094 : 78	«	90	«	74
2299.	8 106 : 87	«	93	«	15
2300.	6 647 : 79	«	84	«	11
2301.	9 095 : 97	«	93	«	74
2302.	8 712 : 99	«	88	«	«
2303.	9 874 : 95	«	103	«	89
2304.	8 946 : 90	«	99	«	36
2305.	7 964 : 90	«	99	«	44
2306.	9 670 : 85	«	113	«	65
2307.	8 975 : 91	«	98	«	57
2308.	9 857 : 93	«	105	«	92
2309.	46 116 : 84	«	549	«	«
2310.	32 945 : 48	«	686	«	17
2311.	95 975 : 25	«	3 839	«	«
2312.	78 000 : 75	«	1 040	«	«
2313.	63 548 : 29	«	2 191	«	9
2314.	80 415 : 39	«	2 061	«	36
2315.	64 258 : 68	«	944	«	66
2316.	30 666 : 38	«	807	«	«
2317.	52 696 : 56	«	941	«	«
2318.	34 943 : 57	«	613	«	2
2319.	60 081 : 37	«	1 623	«	30
2320.	56 349 : 77	«	731	«	62
2321.	16 512 : 86	«	192	«	«
2322.	84 906 : 74	«	1 147	«	28
2323.	39 043 : 59	«	661	«	44
2324.	65 835 : 63	«	1 045	«	«
2325.	74 810 : 65	«	1 150	«	60
2326.	81 864 : 36	«	2 274	«	«
2327.	55 877 : 72	«	776	«	5
2328.	79 376 : 88	«	902	«	«
2329.	80 635 : 89	«	906	«	1
2330.	65 367 : 81	«	807	«	«
2331.	19 001 : 73	«	260	«	21
2332.	79 950 : 82	«	975	«	«
2333.	56 931 : 87	«	654	«	33
2334.	67 742 : 71	«	954	«	8
2335.	19 364 : 94	«	206	«	«
2336.	64 300 : 76	«	846	«	4

2337.	54 835 : 62	**Rép.**	884	Reste	27
2338.	12 352 : 64	«	193	«	0
2339.	72 940 : 78	«	935	«	10
2340.	37 843 : 96	«	394	«	19
2341.	99 462 : 66	«	1 507	«	0
2342.	38 609 : 69	«	559	«	38
2343.	31 837 : 79	«	403	«	0
2344.	90 847 : 67	«	1 355	«	62
2345.	83 645 : 97	«	862	«	31
2346.	71 706 : 51	«	1 406	«	0
2347.	69 377 : 53	«	1 309	«	0
2348.	94 254 : 98	«	961	«	76
2349.	35 448 : 52	«	681	«	36
2350.	84 096 : 16	«	5 256	«	0
2351.	79 794 : 99	«	806	«	0
2352.	74 806 : 54	«	1 385	«	16
2353.	92 708 : 92	«	1 007	«	64
2354.	96 085 : 17	«	5 652	«	1
2355.	78 435 : 83	«	945	«	0
2356.	55 566 : 27	«	2 058	«	0
2357.	86 752 : 55	«	1 577	«	17
2358.	32 480 : 18	«	1 804	«	8
2359.	33 900 : 58	«	584	«	28
2360.	67 401 : 49	«	1 375	«	26
2361.	35 947 : 28	«	1 283	«	23
2362.	51 395 : 19	«	2 705	«	0
2363.	484 635 : 245	«	1 978	«	25
2364.	654 938 : 254	«	2 578	«	126
2365.	804 600 : 236	«	3 409	«	76
2366.	706 920 : 258	«	2 740	«	0
2367.	35 245 : 328	«	107	«	149
2368.	695 230 : 856	«	812	«	158
2369.	980 081 : 554	«	1 732	«	553
2370.	835 673 : 653	«	1 279	«	486
2371.	529 557 : 501	«	1 057	«	0
2372.	969 210 : 541	«	1 791	«	279
2373.	492 714 : 838	«	587	«	808
2374.	619 815 : 634	«	977	«	397
2375.	743 964 : 532	«	1 398	«	228
2376.	867 453 : 621	«	1 396	«	537

2377.	435 175 : 515	Rép.	845	Reste	0
2378.	887 763 : 512	«	1 733	«	467
2379.	827 820 : 420	«	1 971	«	0
2380.	396 001 : 431	«	918	«	343
2381.	454 582 : 405	«	1 122	«	172
2382.	675 350 : 965	«	699	«	815
2383.	784 256 : 454	«	1 727	«	198
2384.	906 408 : 666	«	1 360	«	648
2385.	296 008 : 458	«	646	«	140
2386.	797 864 : 978	«	815	«	794
2387.	301 250 : 482	«	625	«	0
2388.	584 250 : 485	«	1 204	«	310
2389.	498 635 : 981	«	508	«	287
2390.	245 624 : 491	«	500	«	124
2391.	359 297 : 492	«	730	«	137
2392.	428 796 : 495	«	866	«	126
2393.	795 964 : 369	«	2 157	«	31
2394.	279 606 : 378	«	739	«	264
2395.	943 525 : 376	«	2 509	«	141
2396.	778 968 : 872	«	893	«	272
2397.	697 000 : 377	«	1 848	«	304
2398.	320 250 : 375	«	854	«	0
2399.	482 735 : 779	«	619	«	534
2400.	692 834 : 582	«	1 190	«	254
2401.	528 365 : 386	«	1 368	«	317
2402.	298 605 : 385	«	775	«	230
2403.	746 028 : 818	«	912	«	12
2404.	490 906 : 391	«	1 255	«	204
2405.	796 348 : 392	«	2 031	«	196
2406.	769 423 : 896	«	858	«	655
2407.	643 935 : 397	«	1 622	«	1
2408.	743 265 : 283	«	2 626	«	107
2409.	882 634 : 282	«	3 129	«	256
2410.	900 600 : 484	«	1 860	«	360
2411.	835 620 : 284	«	2 942	«	92
2412.	599 742 : 286	«	2 097	«	0
2413.	496 520 : 587	«	845	«	505
2414.	298 376 : 285	«	1 046	«	266
2415.	686 504 : 788	«	871	«	156
2416.	369 458 : 289	«	1 278	«	116

2417.	7654302 : 399	**Rép.**	19183	Reste	285
2418.	614952 : 292	«	2106	«	0
2419.	982345 : 494	«	1988	«	273
2420.	796385 : 893	«	891	«	722
2421.	980678 : 295	«	3324	«	198
2422.	917244 : 298	«	3078	«	0
2423.	89406 : 58	«	1541	«	28
2424.	806305 : 975	«	826	«	955
2425.	95944 : 984	«	97	«	496
2426.	725472 : 916	«	792	«	0
2427.	625302 : 879	«	711	«	333
2428.	845375 : 895	«	944	«	495
2429.	98207 : 789	«	124	«	371
2430.	84260 : 797	«	105	«	575
2431.	62480 : 792	«	78	«	704
2432.	8206 : 695	«	11	«	561
2433.	733725 : 675	«	1087	«	0
2434.	60842 : 659	«	92	«	214
2435.	96835 : 635	«	152	«	315
2436.	45864 : 657	«	69	«	531
2437.	369125 : 648	«	569	«	413
2438.	977220 : 445	«	2196	«	0
2439.	498952 : 542	«	920	«	312
2440.	548603 : 519	«	1057	«	20
2441.	78425 : 525	«	149	«	200
2442.	196250 : 564	«	347	«	542
2443.	16935 : 560	«	30	«	135
2444.	392675 : 435	«	902	«	305
2445.	801696 : 444	«	1805	«	276
2446.	724556 : 452	«	1603	«	0
2447.	63254 : 356	«	177	«	242
2448.	876548 : 354	«	2476	«	44
2449.	969493 : 352	«	2754	«	85
2450.	843567 : 355	«	2376	«	87
2451.	91946 : 357	«	257	«	197
2452.	357642 : 358	«	999	«	0
2453.	96294 : 162	«	594	«	66
2454.	195208 : 264	«	739	«	112
2455.	90945 : 267	«	340	«	165
2456.	86001 : 268	«	320	«	241

2457.	147 906 : 166	**Rép.**	891	Reste	0
2458.	642 354 : 165	«	3 893	«	9
2459.	842 672 : 269	«	3 132	«	164
2460.	377 647 : 277	«	1 363	«	96
2461.	565 420 : 271	«	2 086	«	114
2462.	74 325 : 174	«	427	«	27
2463.	645 258 : 276	«	2 337	«	246
2464.	269 775 : 275	«	981	«	0
2465.	43 527 : 272	«	160	«	7
2466.	900 008 : 278	«	323	«	214
2467.	624 320 : 279	«	2 237	«	197
2468.	490 508 : 176	«	2 786	«	172
2469.	925 343 : 577	«	1 603	«	412
2470.	319 179 : 179	«	1 783	«	22
2471.	184 240 : 188	«	980	«	0
2472.	654 350 : 486	«	1 346	«	194
2473.	948 206 : 187	«	5 070	«	116
2474.	348 756 : 685	«	509	«	91
2475.	863 865 : 189	«	4 570	«	135
2476.	165 024 : 191	«	864	«	0
2477.	348 605 : 497	«	701	«	208
2478.	94 594 : 192	«	492	«	130
2479.	912 384 : 198	«	4 608	«	0
2480.	835 601 : 195	«	4 285	«	26
2481.	495 625 : 796	«	622	«	513
2482.	909 841 : 199	«	4 572	«	13

Calculer le quotient jusqu'aux centièmes.

2483.	8 254 : 631	**Rép.**	13,08	Reste	52
2484.	7 643 : 843	«	9,06	«	542
2485.	8 954 : 957	«	9,35	«	605
2486.	4 595 : 695	«	6,61	«	105
2487.	5 225 : 718	«	7,27	«	514
2488.	6 375 : 692	«	9,21	«	168
2489.	7 835 : 815	«	9,61	«	285
2490.	7 415 : 792	«	9,36	«	188
2491.	8 921 : 451	«	19,78	«	22
2492.	8 144 : 461	«	17,55	«	80
2493.	6 626 : 842	«	7,80	«	788

2494.	6753 : 759	Rép.	8,88	Reste	308
2495.	8856 : 967	«	9,15	«	795
2496.	7743 : 884	«	8,75	«	860
2497.	5969 : 743	«	8,02	«	114
2498.	3006 : 409	«	7,34	«	394
2499.	4065 : 516	«	7,85	«	440
2500.	5248 : 858	«	6,11	«	562
2501.	5365 : 945	«	5,67	«	685
2502.	5656 : 847	«	6,67	«	631
2503.	4845 : 832	«	5,82	«	276
2504.	4950 : 715	«	6,92	«	220
2505.	4392 : 749	«	5,86	«	286
2506.	3029 : 633	«	4,78	«	326
2507.	3074 : 642	«	4,78	«	524
2508.	4004 : 708	«	5,65	«	380
2509.	4625 : 306	«	15,11	«	134
2510.	8080 : 951	«	8,49	«	601
2511.	6509 : 854	«	7,62	«	452
2512.	6761 : 796	«	8,49	«	296
2513.	3651 : 533	«	6,84	«	528
2514.	5315 : 615	«	8,64	«	140
2515.	5068 : 549	«	9,23	«	73
2516.	3260 : 619	«	5,26	«	406
2517.	2896 : 646	«	4,48	«	192
2518.	9643 : 507	«	19,01	«	493
2519.	9949 : 643	«	15,47	«	179
2520.	8041 : 525	«	15,31	«	325
2521.	7677 : 665	«	11,54	«	290
2522.	3641 : 521	«	6,98	«	442
2523.	4050 : 685	«	5,91	«	165
2524.	2955 : 526	«	5,61	«	414
2525.	3449 : 688	«	4,99	«	588
2526.	2625 : 584	«	4,49	«	284
2527.	1884 : 598	«	3,15	«	30
2528.	4262 : 610	«	6,98	«	420
2529.	5861 : 535	«	10,95	«	275
2530.	5941 : 725	«	8,19	«	325
2531.	3543 : 733	«	4,83	«	261
2532.	3284 : 572	«	5,74	«	72
2533.	8885 : 691	«	12,85	«	565

2534.	8 064 : 865	**Rép.**	9,32	Reste	220
2535.	6 305 : 511	«	12,33	«	437
2536.	6 996 : 672	«	10,41	«	48
2537.	3 770 : 777	«	4,85	«	155
2538.	4 580 : 783	«	5,84	«	728
2539.	3 078 : 691	«	4,43	«	687
2540.	5 858 : 782	«	7,49	«	82
2541.	2 943 : 596	«	4,93	«	472
2542.	3 964 : 695	«	5,70	«	250
2543.	4 554 : 524	«	8,69	«	44
2544.	4 915 : 721	«	6,81	«	499
2545.	8 865 : 618	«	14,34	«	288
2546.	4 416 : 754	«	5,85	«	510
2547.	5 635 : 638	«	8,83	«	146
2548.	7 772 : 512	«	15,17	«	496
2549.	7 063 : 768	«	9,19	«	508
2550.	6 408 : 649	«	9,87	«	237
2551.	8 998 : 919	«	9,79	«	99
2552.	2 880 : 687	«	4,16	«	208
2553.	6 846 : 523	«	13,08	«	516
2554.	4 120 : 989	«	4,16	«	476
2555.	5 743 : 528	«	10,87	«	364
2556.	1 969 : 698	«	2,82	«	64
2557.	7 961 : 589	«	13,51	«	361

2558.	4 634,48 : 345	**Rép.**	13,43	Reste	113
2559.	5 215,82 : 518	«	10,06	«	474
2560.	6 315,48 : 717	«	8,80	«	588
2561.	535,42 : 821	«	0,65	«	177
2562.	1 774,91 : 549	«	3,23	«	164
2563.	45 214,8 : 321	«	140,85	«	195
2564.	1 635,484 : 15,4	«	106,20	«	4
2565.	3 964,17 : 81,2	«	48,81	«	798
2566.	4 935,17 : 841	«	5,86	«	691
2567.	362,748 : 91,63	«	3,95	«	8 095
2568.	7 217,21 : 884,1	«	8,16	«	2 954
2569.	4 565,48 : 395	«	11,55	«	323
2570.	3 564,8 : 39,65	«	89,90	«	2 650
2571.	176,38 : 95	«	1,85	«	63
2572.	5 116,25 : 18,43	«	2,77	«	1 114

				Rép.		Reste	
2573.	5 612,41	:	32,5	Rép.	172,68	Reste	310
2574.	7 358,16	:	42,51	«	173,09	«	1 041
2575.	296,74	:	3,54	«	88,82	«	172
2576.	4 362,5	:	215	«	20,29	«	150
2577.	514,352	:	64,7	«	7,96	«	340
2578.	6 688.2	:	95,12	«	70,31	«	3 128
2579.	30 287	:	34,8	«	870,31	«	212
2580.	534,832	:	76,5	«	6,99	«	97
2581.	81 842	:	274,1	«	298,58	«	1 222
2582.	56 385,4	:	9,63	«	58,55	«	175
2583.	4 025,16	:	695	«	5,79	«	111
2584.	5 819,48	:	13,65	«	426,33	«	755
2585.	445,43	:	3,964	«	112,35	«	3 460
2586.	468,356	:	355	«	1,319	«	111
2587.	6 561,48	:	7,471	«	878,25	«	7 428
2588.	674,342	:	42,5	«	15,87	«	67
2589.	72 549	:	8,43	«	8 606,04	«	822
2590.	426,126	:	425	«	1,002	«	276
2591.	543,25	:	8,63	«	62,94	«	778
2592.	67 480	:	9,45	«	7 140,74	«	70
2593.	485,648	:	356	«	1,364	«	64
2594.	56 352	:	361	«	15 609,97	«	83
2595.	7 639,47	:	9,12	«	837,66	«	108
2596.	416,542	:	812	«	0,512	«	798
2597.	5 172,43	:	19,18	«	270,19	«	8 858
2598.	7 643,75	:	817	«	9,35	«	480
2599.	4 072,43	:	521	«	7,81	«	342
2600.	5 043,15	:	64,8	«	77,82	«	414
2601.	72 647	:	5,27	«	13 785,00	«	5
2602.	33 377,8	:	687	«	48,58	«	334
2603.	456,342	:	242	«	1,885	«	172
2604.	1 543,48	:	56,17	«	27,47	«	4 901
2605.	5 835,7	:	8,43	«	692,25	«	325
2606.	35 621	:	48,3	«	737,49	«	233
2607.	48 954,8	:	761	«	64,32	«	728
2608.	577,642	:	42,7	«	13,52	«	338
2609.	74 325	:	9,47	«	7 848,46	«	838
2610.	5 632,8	:	188,5	«	29,88	«	420
2611.	88 786	:	77.4	«	1 147,10	«	460
2612.	4 216,25	:	625	«	6,74	«	375

2613.	4264	: 8,423	**Rép.**	506,23	Reste	2471
2614.	9635,1	: 4,256	«	2263,88	«	2672
2615.	18935	: 68,43	«	276,70	«	4190
2616.	5134,85	: 39,39	«	130,35	«	3635
2617.	35648,3	: 95,82	«	372,03	«	3854
2618.	87945	: 394,2	«	223,09	«	2922
2619.	3486,72	: 253,5	«	13,75	«	1095
2620.	84306	: 434,1	«	194,20	«	3780
2621.	4852,35	: 561,5	«	8,64	«	990
2622.	948,359	: 24,97	«	37,97	«	2481
2623.	768,815	: 671,8	«	1,14	«	2963
2624.	4915,65	: 68,35	«	71,91	«	6015
2625	5348,72	: 36,34	«	147,18	«	1988
2626.	19640	: 76,35	«	257,23	«	4895
2627.	164,15	: 8,182	«	20,06	«	1908
2628.	142,325	: 21,20	«	6,71	«	730
2629.	56752,8	: 752,1	«	75,45	«	6855
2630.	452,654	: 88,34	«	5,12	«	3532
2631.	9162,06	: 229,5	«	39,92	«	420
2632.	1812,87	: 79,61	«	22,77	«	1503
2633.	196,217	: 4,516	«	43,44	«	4196
2634.	4725,61	: 38,64	«	122,29	«	3244
2635.	8425,7	: 284,3	«	29,42	«	2754
2636.	6475,19	: 48,56	«	133,34	«	1996
2637.	6742,08	: 63,17	«	106,72	«	5776
2638.	32675,8	: 39,25	«	832,50	«	1750
2639.	18254,8	: 66,65	«	273,89	«	315
2640.	637,425	: 71,72	«	8,88	«	5514
2641.	4531,9	: 81,96	«	55,29	«	3316
2642.	3817,45	: 34,14	«	111,81	«	2566
2643.	352,726	: 63,67	«	5,53	«	6309
2644.	36,231	: 74,75	«	484,69	«	4225
2645.	538,12	: 8,175	«	65,82	«	4150
2646.	1397,84	: 370,9	«	3,76	«	3256
2647.	86874,	: 692,5	«	125,44	«	6800
2648.	483,51	: 27,43	«	17,62	«	1934
2649.	326,741	: 49,43	«	6,61	«	87
2650.	1883,56	: 374,9	«	5,02	«	1562
2651.	9648,4	: 45,32	«	212,89	«	2252
2652.	743,255	: 36,95	«	20,11	«	1905

			Rép.		Reste	
2653.	17781,8	: 58,72	**Rép.**	302,87	Reste	2736
2654.	762,739	: 191,4	«	3985,15	«	1290
2655.	9 352,71	: 48,84	«	193,54	«	2164
2656.	3 463,8	: 58,43	«	59,31	«	3167
2657.	1 564,25	: 181,8	«	8,60	«	770
2658.	6 53,84	: 30,18	«	16,58	«	1546
2659.	8 412,63	: 415,4	«	20,26	«	2724
2660.	8 153,10	: 17,70	«	458,35	«	535
2661.	8 250,62	: 107,5	«	20,26	«	3670
2662.	1 764,28	: 188,5	«	9,33	«	1805
2663.	3 265,8	: 18,57	«	175,86	«	798
2664.	3 849,06	: 29,16	«	131,99	«	2316
2665.	7 786,4	: 18,32	«	425,02	«	336
2666.	732,54	: 333,5	«	1,89	«	2225
2667.	633,542	: 29,56	«	22,10	«	2000
2668.	256,423	: 196,5	«	1,30	«	973
2669.	448,315	: 204,1	«	1,52	«	1283
2670.	356,78	: 28,63	«	12,45	«	875
2671.	1 306	: 4,948	«	263,94	«	2488
2672.	11 843	: 5,951	«	1990,08	«	3392
2673.	363,485	: 48,96	«	7,42	«	2018
2674.	254,32	: 31,64	«	8,03	«	2508
2675.	138,651	: 19,57	«	7,08	«	954
2676.	1 773,75	: 29,51	«	60,10	«	1990
2677.	368,425	: 19,45	«	18,94	«	420

§ V. Problèmes.

2678. *Deux ouvriers ont gagné l'un 96 fr., l'autre 147 fr. : quelle somme faut-il pour les payer?*

Pour les payer il faut 96 + 147.

Rép. 243 francs.

2679. *Un marchand de vin avait 2526 bouteilles, il en achète encore 1956 : combien a-t-il de bouteilles en tout?*

Le marchand a en tout 2526 + 1956.

Rép. 4482 bouteilles.

2680. *Quelle recette a faite un marchand auquel on a donné 84 fr., puis 308 fr., et enfin 176 fr.?*

Sa recette est de 84 + 308 + 176.

Rép. 568 francs.

2681. *Quelle somme doit-on débourser pour payer une table qui coûte 18 fr. 50 et une armoire qui vaut 47 fr. 75 ?*

On doit débourser 18,50 + 47,75.

Rép. 66 fr. 25 centimes.

2682. *Dans une pépinière il y a 384 pommiers, 185 cerisiers et 312 poiriers : combien y a-t-il d'arbres en tout ?*

Il y a en tout 384 + 185 + 312.

Rép. 881 arbres.

2683. *Un marchand avait 275 oranges, il en a vendu 189 : combien lui en reste-t-il ?*

Il lui reste 275 — 189.

Rép. 86 oranges.

2684. *Le poêle de la classe coûte 17 fr. 75 et les tuyaux 6 fr. 75 : combien coûte le tout ?*

Le tout coûte 17,75 + 6,75.

Rép. 24 fr. 50 centimes.

2685. *Un fournisseur doit livrer 950 couvertures, il en donne d'abord 275 : combien en doit-il encore ?*

Il doit encore 950 — 275.

Rép. 675 couvertures.

2686. *Une heure a 60 minutes : combien y a-t-il encore de minutes à s'écouler dans une heure lorsque 27 minutes sont passées ?*

Il y a encore à écouler 60 — 27.

Rép. 33 minutes.

2687. *Un libraire avait 20000 volumes d'un ouvrage, il ne lui en reste plus que 13940 : combien en a-t-il vendu ?*

Il en a vendu 20000 — 13940.

Rép. 6060 volumes.

2688. *Deux chevaux ont été vendus l'un 945 fr., l'autre 1090 fr. : quel est le prix total ?*

Le prix total est 945 + 1090.

Rép. 2035 francs.

2689. *Deux chevaux ont été vendus l'un 1450 fr., l'autre 975 fr. : combien le premier coûte-t-il de plus que le second ?*

Le premier coûte de plus 1450 — 975.

Rép. 475 francs.

2690. *Quelle somme y a-t-il dans 3 sacs, sachant que le premier renferme 985 fr., le deuxième 780 fr., et le troisième 845 fr. ?*

Il y a 985 + 780 + 845.

Rép. 2610 francs.

2691. *Auguste devait 980 fr. 75, il a donné 635 fr. : quelle somme doit-il encore ?*

Il doit encore 980,75 — 635.

Rép. 345 fr. 75 centimes.

2792. *Louis devait 84 fr. 50, il ne doit plus que 58 fr. 75 : quelle somme a-t-il donnée ?*

Louis a donné 84,50 — 58,75.

Rép. 25 fr. 75 centimes.

2693. *Combien a-t-on tué de pièces de gibier dans une chasse, sachant qu'on a abattu 28 faisans, 84 perdrix et 35 canards ?*

On a tué 28 + 84 + 35.

Rép. 147 pièces.

2694. *Sur une table il y a trois piles de cahiers, la première en renferme 144, la seconde 156 et la troisième 168 : combien y a-t-il de cahiers en tout ?*

Il y a en tout 144 + 156 + 168.

Rép. 468 cahiers.

2695. *Combien y a-t-il de litres d'huile dans 3 tonneaux dont l'un contient 225 litres, l'autre 228, et le troisième 219 ?*

Il y a 225 + 228 + 219.

Rép. 672 litres.

2696. *Le pont de Garabit, sur la Truyère, dans le Cantal, a 126 mètres au-dessus de l'eau : de combien de mètres sa hauteur dépasse-t-elle celle du Panthéon, à Paris, qui est de 79 mètres ?*

Sa hauteur dépasse de 126 — 79.

Rép. 47 mètres.

2697. *Dans une cave il y avait 645 bouteilles, on en a retiré 372 : combien en reste-t-il encore ?*

Il en reste 645 — 372.

Rép. 273 bouteilles.

2698. *Dans une cave il y avait 748 bouteilles, on en met encore 125, puis 320 : combien y en a-t-il alors ?*

Il y a en tout 748 + 125 + 320.

Rép. 1 193 bouteilles.

2699. *Dans une cave il y avait 12 500 bouteilles, on y en met encore 3 500 ; plus tard on en retire 8 275 : combien reste-t-il alors de bouteilles ?*

Il y a eu en cave 12 500 + 3 500, ou 16 000 bouteilles.
Il y reste encore 16 000 — 8 275.

Rép. 7 725 bouteilles.

2700. *Combien y a-t-il de plumes dans 18 boîtes, si chaque boîte en contient 144 ?*

Il y a 144 × 18.

Rép. 2592 plumes.

2701. *Pour payer 648 fr., un acheteur donne un billet de 1000 fr. : quelle somme doit-on lui rendre ?*

On doit lui rendre 1000 — 648.

Rép. 352 francs.

2702. *Combien y a-t-il de moutons dans 3 troupeaux, sachant que le premier en contient 87, le deuxième 136, et le troisième 149 ?*

Il y a 87 + 136 + 149.

Rép. 372 moutons.

2703. *Pour payer 645 fr., un acheteur donne un billet de 500 fr. et un billet de 100 fr. : quelle somme doit-il ajouter ?*

L'acheteur a donné 500 + 100 ou 600 francs.
Il doit ajouter 645 — 600.

Rép. 45 francs.

2704. *Un tonneau peut contenir 500 litres de vin, on en a déjà mis 328 : combien peut-il encore en recevoir ?*

Il peut en recevoir 500 — 328.

Rép. 172 litres.

2705. *Quel est le poids de 3 caisses qui pèsent respectivement 316 kilog., 425 kilog., et 294 kilog. ?*

Le poids est 316 + 425 + 294.

Rép. 1035 kilogrammes.

2706. *Dans un magasin il y a 645 sacs de blé, 418 sacs de seigle, et 297 sacs d'orge : combien y a-t-il de sacs en tout ?*

Il y a en tout 645 + 418 + 297.

Rép. 1360 sacs.

2707. *Combien coûtent 814 mètres de toile à 1 fr. 75 le mètre ?*

Ils coûtent 814 × 1,75.

Rép. 1424 fr. 50 centimes.

2708. *Quel est le prix d'une pièce de velours qui contient 78 mètres à raison de 8 fr. 75 le mètre ?*

Le prix est 78 × 8,75.

Rép. 682 fr. 50 centimes.

2709. *Un fabricant de sabots en a vendu d'abord 312 paires,* *puis 195, et enfin 217 : combien a-t-il vendu de paires en tout ?*

Il en a vendu 312 + 195 + 217.

Rép. 724 paires.

2710. *Un particulier achète une maison 18600 fr., il donne en acompte 9775 fr.: combien doit-il encore ?*

Il doit encore 18600 — 9775.

Rép. 8825 francs.

2711. *Combien y a-t-il de semaines dans 2576 jours ?*

Il y en a 2576 : 7.

Rép. 368 semaines.

2712. *Combien 3 voitures contiennent-elles d'ardoises, si elles en ont respectivement 1680, 2170 et 1960 ?*

Elles en ont 1680 + 2170 + 1960.

Rép. 5810 ardoises.

2713. *Un relieur a relié 524 volumes dans le mois de janvier, 495 dans le mois de février, et 576 dans le mois de mars : combien a-t-il relié de volumes en tout ?*

Il a relié 524 + 495 + 576.

Rép. 1595 volumes.

2714. *Le mont Cinto, la plus haute montagne de la Corse, a 2707 mètres : de combien dépasse-t-il la hauteur du Plomb du Cantal, qui est de 1856 mètres ?*

Il le dépasse de 2707 — 1856.

Rép. 851 mètres.

2715. *Le Mont-Blanc a 4810 mètres de hauteur, le Mont Dore n'a que 1886 mètres : combien le Mont-Blanc a-t-il de mètres de plus que le Mont-Dore ?*

Il a de plus 4810 — 1886.

Rép. 2924 mètres.

2716. *Une maison a été vendue 28630 fr. : combien coûtait-elle si l'on a gagné 3680 fr. ?*

La maison coûtait 28630 — 3680.

Rép. 24950 francs.

2717. *Combien coûtent 325 noix à raison de 1 fr. 40 le cent ?*

Elles coûtent 3,25 × 1,40.

Rép. 4 fr. 55 centimes.

2718. *Quelle est la longueur totale de 3 rues, si la première a 1254 mètres, la seconde 987, et la troisième 875 ?*

La longueur est 1254 + 987 + 875.

Rép. 3116 mètres.

2719. *Un ouvrier gagne 3 fr. 75 par jour : combien aura-t-il gagné après 97 jours ?*

Il aura gagné 3,75 × 97.

Rép. 363 fr. 75 centimes.

2720. *Que doit-on payer pour 845 mesures de blé à raison de 4 fr. 75 la mesure ?*

On doit payer 845 × 4,75.

Rép. 4013 fr. 75 centimes.

2721. *Un fabricant devait fournir 10 800 tuiles, il en a déjà donné 3 780 : combien en doit-il encore ?*

Il en doit encore 10 800 — 3 780.

Rép. 7 020 tuiles.

2722. *Combien d'oranges renferment 3 caisses, si la première en a 365, la seconde 472, et la troisième autant que les deux autres ?*

Les deux premières ont 365 + 472, ou 837 oranges.
Le nombre d'oranges est 837 + 837.

Rép. 1674 oranges.

2723. *Un receveur a encaissé 16 325 fr. 50 et a déboursé 9 857 fr. 75 : que lui reste-t-il dans sa caisse ?*

Il lui reste 16 325,50 — 9 857,75.

Rép. 6 467 fr. 75 centimes.

2724. *Une roue fait 75 tours à la minute : combien fera-t-elle de tours en 75 minutes ?*

La roue fera 75 × 75.

Rép. 5625 tours.

2725. *Quelle somme faut-il pour payer pour 6 fr. 45 de pain, pour 12 fr. 75 de viande et pour 4 fr. 50 de vin ?*

Il faut 6,45 + 12,75 + 4,50.

Rép. 23 fr. 70 centimes.

2726. *Deux wagons contiennent l'un 9 630 kilog. de charbon, l'autre 7 850 kilog. : combien le premier en contient-il de plus que le second ?*

Il contient de plus 9 630 — 7 850.

Rép. 1780 kilogrammes.

2727. *Deux wagons sont chargés de charbon, le premier qui en contient 9 940 kilog a 285 kilog. de plus que le second : quel est le poids du second ?*

Le poids du second est 9 940 — 285.

Rép. 9655 kilogrammes.

2728. *Deux wagons sont chargés de charbon ; le premier en* contient 8540 *kilog., et le second en a 975 kilog. de plus que le premier : quel est le poids total des deux wagons ?*

Le poids est 8540 + 8540 + 975.

Rép. 18055 kilogrammes.

2729. *Quelle est la valeur de 17 pièces de 5 fr. et de 45 pièces de 2 fr. ?*

17 pièces de 5 fr. valent 17 × 5, soit 85 francs.
45   2 fr.   «   45 × 2,   «   90 francs.
Valeur totale 85 + 90.

Rép. 175 francs.

2730. *A combien se monte la recette d'un marchand qui a reçu 95 fr. 25, 25 fr. 50, 18 fr. 75, et 55 fr. ?*

Elle se monte à 95,25 + 25,50 + 18,75 + 55.

Rép. 194 fr. 50 centimes.

2731. *On demande le prix de 26 chemises à raison de 4 fr. 25 la chemise.*

Le prix est de 26 × 4,25.

Rép. 110 fr. 50 centimes.

2732. *Un cultivateur a récolté 3685 gerbes : combien en a-t-il à battre s'il en a déjà battu 1978 ?*

Il en a à battre 3685 — 1978.

Rép. 1707 gerbes.

2733. *Combien coûtent 19 litres de liqueur à raison de 2 fr. 75 le demi-litre ?*

Le litre vaut 2,75 × 2, soit 5 fr. 50 centimes.
Les 19 litres vaudront 19 × 5,50.

Rép. 104 fr. 50 centimes.

2734. *Combien doit-on débourser pour 3 tonneaux de vin qui coûtent l'un 86 fr. 50, l'autre 79 fr. 80, et le troisième 84 fr. 25 ?*

On doit débourser 86,50 + 79,80 + 84,25.

Rép. 250 fr. 55 centimes.

2735. *Quel est le prix d'un tonneau d'huile qui a coûté 185 fr. d'achat, 12 fr. 75 de port, et 6 fr. 95 d'entrée ?*

Le prix est 185 + 12,75 + 6,95.

Rép. 204 fr. 70 centimes.

2736. *On donne 5 fr. par jour à un ouvrier quand on ne le nourrit pas ; quand on le nourrit, on ne lui donne que 3 fr. 25 : à combien estime-t-on sa nourriture ?*

Elle est estimée 5 — 3,25.

Rép. 1 fr. 75 centimes.

2737. *Quel est le gain d'une famille pendant un mois, sachant que le père a gagné 148 fr. 50, la mère 54 fr. 25, et le fils aîné 48 fr. 30 ?*

Ce gain est 148,50 + 54,25 + 48,30.

Rép. 251 fr. 05 centimes.

2738. *Combien renferme de sacs un navire dont le chargement se compose de 348 sacs de blé, 185 d'orge, 248 de café, et 209 de cacao ?*

Le navire renferme 348 + 185 + 248 + 209.

Rép. 990 sacs.

2739. *Combien un cheval qui coûte 1285 fr. vaut-il de plus qu'un bœuf qui ne coûte que 678 fr. ?*

Il vaut de plus 1285 — 678.

Rép. 607 francs.

2740. *Une volière avec les oiseaux qu'elle renferme vaut 80 fr. 60, la volière seule coûte 50 fr. 85 : quel est le prix des oiseaux ?*

Le prix des oiseaux est 80,60 — 50,85.

Rép. 29 fr. 75 centimes.

2741. *Le département de la Seine avait 2799329 habitants au recensement de 1881, la ville de Paris comptait à elle seule 2269021 habitants : quelle était la population du reste du département ?*

Elle était de 2799329 — 2269021.

Rép. 530308 habitants.

2742. *Combien coûtent 48 tonneaux de harengs à raison de 21 fr. 80 le tonneau ?*

Ils coûtent 48 × 21,80.

Rép. 1046 fr. 40 centimes.

2743. *Une armée qui comptait 45600 hommes perd 4856 hommes dans un combat : combien en a-t-elle encore ?*

Elle a encore 45600 — 4856.

Rép. 40744 hommes.

2744. *La façade d'une maison a 48 croisées, chaque croisée compte 12 carreaux : quel est le nombre des carreaux de toute la façade ?*

Il y a en tout 48 × 12.

Rép. 576 carreaux.

2745. *Un mètre de velours soie vaut 21 fr. 50, un mètre de* *drap ne vaut que 12 fr. 80 : combien la soie vaut-elle de plus que le drap ?*

La soie vaut de plus 21,50 — 12,80.

Rép. 8 fr. 70 centimes.

2746. *Quel est le prix de 18654 fusils de guerre à 19 fr. 75 le fusil ?*

Ce prix est 18654 × 19,75.

Rép. 368416 fr. 50 centimes.

2747. *Quel est le nombre de lignes contenues dans un livre de 284 pages, si chaque page a 38 lignes ?*

Le nombre de lignes est 284 × 38.

Rép. 10 792 lignes.

2748. *Lorsqu'un mètre de tuyau de plomb coûte 1 fr. 45 et pèse 3 kilogrammes : quel est le prix et le poids d'un tuyau qui a 1 428 mètres ?*

Le prix est de 1 428 × 1,45.

Rép. 2070 fr. 60 centimes.

Et le poids de 1 428 × 3.

Rép. 4284 kilogrammes.

2749. *La Loire a 1040 kilomètres de longueur ; quand elle reçoit l'Allier elle a déjà parcouru 435 kilomètres : que lui reste-t-il alors à parcourir ?*

Elle a à parcourir 1040 — 435.

Rép. 605 kilomètres.

2750. *Au 15 juin 1884 il y avait en France 30 267 kilomètres de chemins de fer en exploitation : combien y en avait-il au 1er janvier de la même année, sachant que de cette date au 15 juin on en a ouvert 780 kilomètres ?*

Il y avait 30 267 — 780.

Rép. 29 487 kilomètres.

2751. *Dans une famille le père gagne 4 fr. 75 par jour, et deux enfants chacun 2 fr. 25 : quel est le gain journalier ?*

Le gain est 4,75 + 2,25 + 2,25.

Rép. 9 fr. 25 centimes.

2752. *La plus haute montagne d'Auvergne, le pic de Sancy, a 1886 mètres et dépasse de 421 mètres le Puy-de-Dôme : quelle est la hauteur de cette dernière montagne ?*

La hauteur du Puy-de-Dôme est 1 886 — 421.

Rép. 1465 mètres.

2753. *Un ouvrier a gagné dans un mois 176 fr. 50, on ne* *lui a donné que 128 fr. 75 : quelle somme lui doit-on encore ?*

On lui doit encore 176,50 — 128,75.

Rép. 47 fr. 75 centimes.

2754. *Quel est le poids de 4 wagons de houille, s'ils en contiennent respectivement 3140 kilog., 4540 kilog., 3850 kilog., et 4185 kilog. ?*

Il est de 3140 + 4540 + 3850 + 4185.

Rép. 15715 kilogrammes.

2755. *De Paris à Nice il y a 1088 kilomètres par le chemin de fer : un train a déjà parcouru 695 kilomètres : quel chemin a-t-il encore à faire ?*

Il a encore à faire 1088 — 695.

Rép. 393 kilomètres.

2756. *Combien y a-t-il de kilomètres de Paris à Toulouse par le chemin de fer, sachant que de Paris à Orléans on compte 121 kilomètres, d'Orléans à Limoges 279, de Limoges à Figeac 192, et de Figeac à Toulouse 159 ?*

Il y a 121 + 279 + 192 + 159.

Rép. 751 kilomètres.

2757. *Quelle somme faut-il pour payer une veste de 18 fr. 50, un pantalon de 15 fr., un gilet de 8 fr. 90, et une cravate de 1 fr. 50 ?*

Il faut 18,50 + 15 + 8,90 + 1,50.

Rép. 43 fr. 90 centimes.

2758. *Combien coûtent 3 wagons de blé renfermant chacun 74 sacs à 21 fr. 75 le sac ?*

Nombre de sacs 74 × 3, soit 222 sacs.

Prix des sacs 222 × 21,75.

Rép. 4828 fr. 50 centimes.

2759. *Un enfant avait 12 fr. 75 ; il reçoit successivement 5 fr. 25, 3 fr. 90, et 4 fr. 45 : combien a-t-il en tout ?*

Il a en tout 12,75 + 5,25 + 3,90 + 4,45.

Rép. 26 fr. 35 centimes.

2760. *Le tunnel du Saint-Gothard, entre la Suisse et l'Italie, a 14920 mètres de longueur ; celui du mont Cenis, entre la France et l'Italie, a 12333 mètres : de combien de mètres le premier surpasse-t-il le second ?*

Il le surpasse de 14920 — 12333.

Rép. 2587 mètres.

2761. *Un bœuf coûte 560 fr., une vache 380 fr. 60, un veau 48 fr. 95, et un mouton 25 fr. 50 : quel est le prix total?*

Le prix est $560 + 380,60 + 48,95 + 25,50$.

Rép. 1015 fr. 05 centimes.

2762. *Lorsqu'un volume coûte 2 fr. 75, combien coûtent 75 volumes?*

Ils coûtent $75 \times 2,75$.

Rép. 206 fr. 25 centimes.

2763. *Combien y a-t-il d'hommes dans un régiment de 4 bataillons, si le premier en compte 945, le second 895, le troisième 980, et le quatrième 915?*

Il y a $945 + 895 + 980 + 915$.

Rép. 3735 hommes.

2764. *Quelle somme a-t-il fallu à une ménagère qui a dépensé d'abord 8 fr. 40, puis 6 fr. 35, puis 5 fr. 25, puis 3 fr. 20, et enfin 4 fr. 75 ?*

Il a fallu $8,40 + 6,35 + 5,25 + 3,20 + 4,75$.

Rép. 27 fr. 95 centimes.

2765. *Un négociant avait acheté 3520 kilogrammes de café : combien lui en a-t-on livré, s'il n'en attend plus que deux voitures renfermant chacune 625 kilogrammes?*

Les deux voitures contiennent 625×2, ou 1250 kilogrammes. On lui en a livré $3520 - 1250$.

Rép. 2270 kilogrammes.

2766. *Une fontaine donne par jour 5625 litres d'eau : dire combien donne dans le même temps une fontaine qui débite 1958 litres de moins que la première.*

Elle en donne $5625 - 1958$.

Rép. 3667 litres.

2767. *Dans une famille on a gagné le lundi 6 fr. 25, le mardi 5 fr. 75, le mercredi 5 fr. 75, le jeudi 6 fr., le vendredi 6 fr. 25, et le samedi 5 fr. 45 : quel est le gain de la semaine ?*

Le gain de la semaine a été de

$$6,25 + 5,75 + 5,75 + 6 + 6,25 + 5,45.$$

Rép. 35 fr. 45 centimes.

2768. *Combien doit-on payer pour 348 kilog. de viande à raison de 1 fr. 65 le kilog. ?*

On doit payer $1,65 \times 348$.

Rép. 574 fr. 20 centimes.

2769. *Quelle est la dépense totale d'une famille qui a dépensé le dimanche 6 fr. 80, le lundi 4 fr. 25, le mardi 4 fr. 50, le mer-*

credi 4 *fr.* 75, *le jeudi* 4 *fr., le vendredi* 5 *fr.* 10, *et le samedi*
4 *fr.* 15 ?

La dépense est 6,80 + 4,25 + 4,50 + 4,75 + 4 + 5,10 + 4,15.

Rép. 33 fr. 55 centimes.

2770. *En* 1881 *le département du Finistère comptait* 681 664 *habitants; en* 1876 *il n'en avait que* 666 106 : *de combien d'habitants a-t-il augmenté en* 5 *ans ?*

Il a augmenté de 681 664 — 666 106.

Rép. 15558 habitants.

2771. *Quelle somme faut-il pour payer* 3 *ouvriers, sachant que le premier doit recevoir* 95 *fr., le second* 18 *fr. de plus que le premier, et le troisième* 14 *fr. de plus que le second ?*

Le 2ᵉ aura   95 + 18, soit 113 francs.
Le 3ᵉ   «   113 + 14,   «   127 francs.
Il faudra 95 + 113 + 127.

Rép. 335 francs.

2772. *Combien coûte* 1 *mètre de drap, sachant qu'on en a eu* 24 *mètres pour* 384 *fr. ?*

Le mètre coûte 384 : 24.

Rép. 16 francs.

2773. *Quel est le montant total de* 3 *billets, sachant que le premier est de* 940 *fr.* 50, *le second de* 150 *fr.* 45 *de plus que le premier, et le troisième de* 95 *fr.* 25 *de plus que le second ?*

Le 2ᵉ billet est de   940,50 + 150,45, ou 1 090 fr. 95 centimes.
Le 3ᵉ   «   1 090,95 + 95,25, ou 1 186 fr. 20 centimes.
Le total est 940,50 + 1 090,95 + 1 186,20.

Rép. 3217 fr. 65 centimes.

2774. *Combien aura-t-on de mètres de velours pour* 144 *fr.* 50, *si le mètre coûte* 8 *fr.* 50 ?

On en aura 144,50 : 8,50.

Rép. 17 mètres.

2775. *Une famille dépense* 3 *fr.* 50 *par jour : combien lui faudra-t-il de jours pour dépenser* 147 *fr. ?*

Il lui faudra 147 : 3,50.

Rép. 42 jours.

2776. *Paul a* 144 *fr., Pierre en a* 28 *de moins que lui : quelle est la somme totale qu'ont ces deux personnes ?*

Pierre a 144 — 28, soit 116 francs.
La somme totale est 144 + 116.

Rép. 260 francs.

2777. *Henri a* 14 *fr., Louis a* 5 *fr. de plus que lui, et Au-*

guste a 9 fr. de plus que Louis : quelle est la somme totale qu'ont ces 3 personnes ?

Louis a   14 + 5, soit 19 francs.
Auguste a 19 + 9, soit 28 francs.
Somme totale 14 + 19 + 28.

Rép. 61 francs.

2778. *Quelle somme doit-on rendre à un enfant qui donne 5 fr. pour payer deux livres, l'un de 2 fr. 75, l'autre de 1 fr. 50 ?*

Prix des livres 2,75 + 1,50, ou 4 fr. 25 centimes.
On doit rendre 5 — 4,25.

Rép. 0 fr. 75 centimes.

2779. *Un fournisseur devait livrer 1800 kilog. de sel, il en a livré d'abord 538 kilog., puis 690 kilog. : combien doit-il encore en livrer ?*

Livraisons faites 538 + 690, ou 1228 kilogrammes.
On doit encore livrer 1800 — 1228.

Rép. 572 kilogrammes.

2780. *Un relieur prend 38 centimes pour relier un volume : combien aura-t-il relié de volumes s'il reçoit 55 fr. 10 ?*

Il aura relié 55,10 : 0,38.

Rép. 145 volumes.

2781. *Joseph a 165 fr., Gilbert a trois fois plus d'argent que lui : combien ont-ils en tout ?*

Gilbert a 165 × 3, soit 495 francs.
Ils ont en tout 165 + 495.

Rép. 660 francs.

2782. *Quel est le prix de 1385 oranges à raison de 0 fr. 12 l'orange ?*

Le prix est de 0,12 × 1385.

Rép. 166 fr. 20 centimes.

2783. *Ernest donne une pièce de 20 fr. pour payer un pantalon de 12 fr. 75 et un gilet de 5 fr. 45 : quelle somme doit-on lui rendre ?*

Ernest doit payer 12,75 + 5,45, ou 18 fr. 20 centimes.
On doit lui rendre 20 — 18,20.

Rép. 1 fr. 80 centimes.

2784. *Dans une famille on gagne 8 fr. 45 par jour : combien gagne-t-on dans une année qui compte 308 jours de travail ?*

On gagne 8,45 × 308.

Rép. 2602 fr. 60 centimes.

2785. *Dans une famille on dépense 4 fr. 75 par jour : quelle est la dépense d'une année de 365 jours ?*

La dépense est 4,75 × 365.

Rép. 1 733 fr. 75 centimes.

2786. *Combien fera-t-on de douzaines de pointes avec 87 kilog. de fil de fer, sachant qu'un kilog. permet de faire 228 pointes ?*

Nombre de pointes 228 × 87, soit 19 836.
Nombre de douzaines 19 836 : 12.

Rép. 1 653 douzaines.

2787. *En 1881 Paris avait 2 269 021 habitants; en 1876 il n'en avait que 1 988 806 : quelle a été la moyenne de l'augmentation de la population par année ?*

Augmentation pour 5 ans 2 269 021 — 1 988 806, ou 280 215.
Augmentation moyenne 280 215 : 5.

Rép. 56 043 habitants.

2788. *Quel est le prix d'une armoire, sachant qu'on a donné au menuisier 125 fr. 50, aux ouvriers qui l'ont apportée 2 fr. 60, et à celui qui l'a mise en place 3 fr. 25 ?*

Le prix est de 125,50 + 2,60 + 3,25.

Rép. 131 fr. 35 centimes.

2789. *Une usine a brûlé 15 638 mètres cubes de gaz dans un an; à combien lui revient ce mode d'éclairage si le mètre cube coûte 27 centimes ?*

Il revient à 15 638 × 0,27.

Rép. 4 222 fr. 26 centimes.

2790. *Quelle somme doit recevoir un particulier qui a fourni pour l'armée 3 950 paires de souliers à raison de 9 fr. 65 la paire ?*

Il doit recevoir 3 950 × 9,65.

Rép. 38 117 fr. 50 centimes.

2791. *Une maman a payé pour du pain 1 fr. 75, pour de la viande 2 fr. 50, pour de l'huile 2 fr. 25, et pour du sucre 3 fr. 15 : quelle est sa dépense totale ?*

La dépense est de 1,75 + 2,50 + 2,25 + 3,15.

Rép. 9 fr. 65 centimes.

2792. *En 1881 la population de France était de 37 672 048 habitants; elle avait alors 766 260 habitants de plus qu'en 1876 : quelle était la population de la France à cette dernière date ?*

Elle était de 37 672 048 — 766 260.

Rép. 36 905 788 habitants.

2793. *Combien faudra-t-il de jours à une famille pour*

dépenser 1 291 *fr.* 50, *si elle dépense* 13 *fr.* 50 *tous les trois jours ?*

Dépense journalière 13,5 : 3, ou 4 fr. 50.
Il faudra 1 291,5 : 4,50.
Rép. 287 jours.

2794. *Combien doit-on donner à un boulanger qui a fourni à la troupe* 3 420 *rations de pain à raison de* 53 *centimes les deux rations ?*

Nombre de doubles rations 3 420 : 2, soit 1 710.
On doit donner 1 710 × 0,53.
Rép. 906 fr. 30 centimes.

2795. *Une ménagère achète pour* 4 *fr.* 25 *de beurre, pour* 2 *fr.* 55 *de fromage et pour* 3 *fr.* 15 *d'œufs : combien lui reste-t-il d'argent si elle avait* 12 *fr. ?*

Dépense 4.25 + 2,55 + 3,15, ou **9 fr. 95.**
Il lui reste 12 — 9,95.
Rép. 2 fr. 05 centimes.

2796. *Que doit-on payer pour* 25 630 *rails de chemin de fer, si chaque rail coûte* 39 *fr.* 45 ?

On doit payer 25 630 × 39, 45.
Rép. 1 011 103 fr. 50 centimes.

2797. *Un négociant qui avait* 180 *fr. vend* 35 *mètres de drap à raison de* 15 *fr. le mètre : quelle somme a-t-il alors ?*

Prix du drap 35 × 15, soit **525 fr.**
Le négociant a 180 + 525.
Rép. 705 francs.

2798. *Combien y a-t-il de feuilles de papier dans* 58 *rames, contenant chacune* 20 *mains, si chaque main renferme* 25 *feuilles ?*

Nombre de mains 58 × 20, soit 1 160.
«   de feuilles 1 160 × 25.
Rép. 29 000 feuilles.

2799. *Lorsque* 13 *veaux coûtent* 624 *fr., quel est le prix d'un veau ?*

Le prix d'un veau est 624 : 13.
Rép. 48 francs.

2800. *Combien coûteront* 456 *oranges à raison de* 1 *fr.* 15 *la douzaine ?*

Nombre de douzaines 456 : 12, soit 38.
Prix des oranges 38 × 1,15.
Rép. 43 fr. 70 centimes.

2801. *Un débiteur devait* 4 500 *fr. Il donne en payement un* *billet de 1 000 fr., 3 billets de 500 fr. et 82 pièces de 20 fr. : quelle somme doit-il encore ?*

Argent donné 1 000 + 1 500 + 1 640, soit 4 140 **fr.**
On doit encore 4 500 — 4 140.

Rép. 360 francs.

2802. *Un jardinier fleuriste achète 15 camélias au prix moyen de 35 fr. ; pour les payer il donne un billet de 500 fr. : quelle somme en argent doit-il encore ajouter ?*

Prix des camélias 35 × 15, soit 525 fr.
On doit ajouter 525 — 500 fr.

Rép. 25 francs.

2803. *Combien doit-on payer pour 35 dîners à 3 fr. 75 l'un, et 28 déjeuners à 1 fr. 25 ?*

Prix des dîners 35 × 3,75, ou 131 fr. 25.
    «   déjeuners 28 × 1,25, ou 35 fr.
Prix total 131,25 + 35.

Rép. 166 fr. 25 centimes.

2804. *Combien coûtent 12 chandeliers en cuivre et 9 en porcelaine, si les premiers valent 2 fr. 45 la pièce, et les seconds 0 fr. 85 ?*

Prix des premiers 12 × 2,45, soit 29 fr. 40.
    «   seconds 9 × 0,85, soit 7,65.
Prix total 29,40 + 7,65.

Rép. 37 fr. 05 centimes.

2805. *Combien coûtent, pris à la mine, 35 000 kilogrammes de houille à raison de 18 fr. 50 la tonne (1 000 kilog.) ?*

Nombre de tonnes 35.
Prix du charbon 35 × 18,50.

Rép. 647 fr. 50 centimes.

2806. *Quel est le prix total de deux pièces de percaline verte, la première ayant 48 mètres 50 de long et la seconde 39 mètres 50, à raison de 0 fr. 45 le mètre ?*

Longueur totale 48,50 + 39,50, soit 88 mètres.
Prix 88 × 0,45.

Rép. 39 fr. 60 centimes.

2807. *Une compagnie achète un terrain 648 000 fr. ; elle en fait 12 lots, qu'elle vend chacun 65 000 fr. : quel bénéfice a-t-elle réalisé ?*

Prix des 12 lots 65 000 × 12, ou 780 000 fr.
Bénéfice réalisé 780 000 — 648 000.

Rép. 132 000 francs.

2808. *Quel est le prix d'une maison neuve, sachant que le* *terrain coûte 13000 fr., qu'on a payé au maçon 18300 fr., au charpentier 5630 fr., au plâtrier 2850 fr., au couvreur 1840 fr., et à divers autres fournisseurs 1675 fr.?*

Prix total 13000 + 18300 + 5630 + 2850 + 1840 + 1675.

Rép. 33295 francs.

2809. *Les rails de chemin de fer coûtent 4 fr. le mètre : quelle longueur de chemin à double voie (quatre rangées de rails) a-t-on pu construire avec une fourniture de rails estimée 10000000 de fr.?*

Nombre de mètres de rails 10000000 : 4, soit 2500000.
Nombre de mètres de chemin 2500000 : 4.

Rép. 625000 mètres.

2810. *Combien doit-on payer pour trois douzaines de serrures à raison de 5 fr. 75 la serrure, et 2 douzaines de cadenas du prix de 0 fr. 65 l'un?*

Prix des serrures 36 × 5,75, soit 207 fr.
 «   cadenas 24 × 0,65,   «   15,60.
Prix du tout 207 + 15,60.

Rép. 222 fr. 60 centimes.

2811. *Que doit-on payer pour 2520 bottes de foin à raison de 1 fr. 30 les cinq?*

Prix d'une botte 1,30 : 5, soit 0,26.
Prix du tout 2520 × 0,26.

Rép. 655 fr. 20 centimes.

2812. *Combien coûteront 13800 ardoises à raison de 5 fr. 80 le cent?*

Nombre de centaines d'ardoises 138.
Prix des ardoises 138 × 5,8.

Rép. 800 fr. 40 centimes.

2813. *Quel est le prix de 48 mètres de velours à raison de 41 fr. les 3 mètres?*

Dans 48 mètres il y a 16 fois 3 mètres.
Prix total 41 × 16.

Rép. 656 francs.

2814. *Combien coûteront 342 peaux de mouton à raison de 18 fr. 75 les 5 peaux?*

Prix d'une peau 18,75 : 5, soit 3 fr. 75.
Prix total 342 × 3,75.

Rép. 1282 fr. 50 centimes.

2815. *Quelle est la contenance totale de deux tonneaux, sa-*

chant que le premier contient 500 litres et que le second ne contient que la moitié du premier ?

Contenance totale 500 + 250.

Rép. 750 litres.

2816. *Quel est le prix de 108 casquettes à raison de 16 fr. la douzaine ?*

Nombre de douzaines 108 : 12, ou 9.
Prix des casquettes 16 $\times$ 9.

Rép. 144 francs.

2817. *Quel est le prix d'un chapeau, si 35 chapeaux coûtent 297 fr. 50 ?*

Prix d'un chapeau 297,50 : 35.

Rép. 8 fr. 50 centimes.

2818. *Une maison vaut 10 500 fr., une autre maison vaut le tiers du prix de la première et encore 400 fr. : quel est le prix de la seconde maison ?*

Le tiers de 10 500 est 10 500 : 3, ou 3 500.
Prix de la deuxième maison 3 500 + 400.

Rép. 3 900 francs.

2819. *Combien devra-t-on payer pour 17 rouleaux de papier peint à 0 fr. 85 et 24 rouleaux à 0 fr. 75 ?*

Prix des premiers rouleaux 17 $\times$ 0,85, soit 14 fr. 45.
  «   seconds 24 $\times$ 0,75, soit 18 fr.
Prix total 14,45 + 18.

Rép. 32 fr. 45 centimes.

2820. *Une manufacture devait fournir 25 000 cartouches ; elle en a livré 7 caisses qui en renferment chacune 1 050 : combien doit-elle encore en livrer ?*

Cartouches livrées 1 050 $\times$ 7, soit 7 350.
Reste à livrer 25 000 — 7 350.

Rép. 17 650 cartouches.

2821. *Lyon comptait 376 613 habitants en 1881, Marseille avait alors 16 514 habitants de moins que Lyon, et Bordeaux comptait 138 794 habitants de moins que Marseille : calculer la population de ces deux villes ?*

Marseille a 376 613 — 16 514.

Rép. 360 099 habitants.

Bordeaux a 360 099 — 138 794.

Rép. 221 305 habitants.

2822. *Quel est le prix de 875 abricots à raison de 0 fr. 05 les 25 ?*

Prix d'un abricot 0,65 : 25. soit 0, 026.
Prix des abricots 875 × 0,026.

Rép. 22 fr. 75 centimes.

2823. *Trois ouvriers gagnent, le premier 5 fr. par jour, le deuxième 4 fr. 50 et le troisième 3 fr. 75 : quelle somme faut-il pour leur payer 6 jours de travail ?*

Prix d'une journée 5 + 4,50 + 3,75, soit **13 fr. 25.**
Prix des 6 journées 13,25 × 6.

Rép. 79 fr. 50 centimes.

2824. *Combien aura-t-on de maquereaux pour 5 fr. 60, quand trois de ces poissons coûtent 40 centimes ?*

5 fr. 60 contiennent 14 fois 40 centimes.
On aura donc 14 × 3.

Rép. 42 poissons.

2825. *Quelle est la somme de 4 nombres, sachant que le premier est 848, que le second surpasse le premier de 18, que le troisième surpasse le second de 28, et que le quatrième surpasse le troisième de 38 ?*

Le second nombre est   848 + 18, soit 866.
Le troisième   «   866 + 28, « 894.
Le quatrième   «   894 + 38, « 932.
La somme est 848 + 866 + 894 + 932.

Rép. 3540.

2826. *Quelle a été la dépense d'une famille pendant un mois, en épicerie, si le mémoire se composait de 3 fr. 45 de café, de 6 fr. 35 d'huile, de 8 fr. 40 de chocolat, de 1 fr. 85 de sel, de 0 fr. 55 de poivre, de 1 fr. 25 de vinaigre, et de 7 fr. 80 de sucre ?*

La dépense est de 3,45 + 6,35 + 8,40 + 1,85 + 0,55 + 1,25 + 7,80.

Rép. 29 fr. 65 centimes.

2827. *Une pièce de toile avait 20 mètres, on en a pris pour faire 5 chemises : combien reste-t-il encore de la pièce, s'il a fallu 3 mètres 50 pour faire une chemise ?*

Pour 5 chemises il a fallu 3,50 × 5, ou **17 mètres 5.**
Il reste encore 20 — 17,5.

Rép. 2 mètres 50 centimètres.

2828. *Une pièce d'étoffe avait 80 mètres, on en a fait 39 pantalons, et il reste encore 11 mètres 75 : combien a-t-il fallu d'étoffe pour chaque pantalon ?*

Les pantalons ont exigé 80 — 11,75, ou 68 mètres 25.
Pour un pantalon il a fallu 68,25 : 39.

Rép. 1 mètre 75 centimètres.

2829. *Jules reçoit 1 fr. 50 pour acheter des timbres-poste ; il demande 8 timbres de 15 centimes, et avec l'argent qui reste, il prend des timbres de 10 centimes : combien aura-t-il de ces derniers ?*

Prix des timbres de 0,15, 0,15 × 8, ou 1 fr. 20.
Reste de l'argent 1,50 — 1,20, ou 0 fr. 30.
Nombre de timbres de 0,10 0,30 : 0,10.

Rép. 3 timbres.

2830. *Un tonneau contient 840 litres, on en tire 24 litres chaque semaine : dans combien de jours le tonneau sera-t-il vide ?*

Nombre de semaines 840 : 24, soit 35.
«   jours 35 × 7.

Rép. 245 jours.

2831. *On a déboursé 6 fr. pour 3 pains de 5 kilog. ; on demande le prix d'un pain et le prix d'un kilog.*

Prix d'un pain 6 : 3.

Rép. 2 francs.

Prix d'un kilog. 2 : 5.

Rép. 0 fr. 40 centimes.

2832. *Quelle somme doit-on donner pour payer 1 kilog. de pain qui vaut 40 centimes et 3 kilog. de viande qui valent chacun 4 fois autant que le pain ?*

Prix d'un kilog. de viande 0,4 × 4, soit 1 fr. 60.
Prix des 3 kilog. de viande 1,60 × 3, ou 4 fr. 80.
Prix du tout 0,40 + 4,80.

Rép. 5 fr. 20 centimes.

2833. *Quel est le montant de 4 billets, sachant que le premier est de 825 fr., que le second vaut 48 fr. de moins, que le troisième vaut 54 fr. de moins que le second, et que le quatrième vaut 65 fr. de moins que le troisième ?*

Le 2ᵉ billet est de 825 — 48, ou 777 fr.
Le 3ᵉ   «   777 — 54, « 723 «
Le 4ᵉ   «   723 — 65, « 658 «
Total 825 + 777 + 723 + 658.

Rép. 2 983 francs.

2834. *Combien aura-t-on de sacs de blé pour 8 346 fr., si un sac coûte 26 fr. ?*

On aura 8 346 : 26.

Rép. 321 sacs.

2835. *Si un parapluie coûte 14 fr., combien aura-t-on de parapluies pour 322 fr. ?*

On en aura 322 : 14.

Rép. 23 parapluies.

2836. *Que reste-t-il d'un billet de 100 fr. après qu'on a payé un lit qui coûte 42 fr. 50 et 3 couvertures qui valent 9 fr. 45 la pièce ?*

Prix des couvertures 9,45 × 3, ou 28 fr. 35.
Prix du tout 42,50 + 28,35, soit 70 fr. 85.
Il reste donc 100 — 70,85.

Rép. 29 fr. 15 centimes.

2837. *Un fauteuil coûte 23 fr., combien aura-t-on de fauteuils pour 391 fr. ?*

On en aura 391 : 23.

Rép. 17 fauteuils.

2838. *Le jour a 24 heures et la semaine a 7 jours : combien y a-t-il de semaines dans 8 064 heures ?*

Dans 8 064 heures il y a 8 064 : 24, ou 336 jours.
Dans 336 jours il y a 336 : 7.

Rép. 48 semaines.

2839. *Un apprenti gagne 6 fr. 50 par semaine : dans combien de jours aura-t-il gagné 500 fr. 50?*

Nombre de semaines 500,5 : 6,50, ou 77.
Nombre de jours 77 × 7.

Rép. 539 jours.

2840. *Quel est le prix du mètre de calicot, sachant que pour 266 fr. 80 on en a eu 184 mètres ?*

Le prix est de 266,8 : 184.

Rép. 1 fr. 45 centimes.

2841. *La pose des fils pour télégraphe revient à 985 fr. le kilomètre : quelle sera la dépense pour la pose de 375 kilomètres de fils ?*

La dépense sera 985 × 375.

Rép. 369 375 francs.

2842. *Combien aura-t-on de mètres de toile pour 66 fr. 50, si 8 mètres coûtent 14 fr. ?*

Prix d'un mètre 14 : 8, ou 1 fr. 75.
On aura donc 66,50 : 1,75.

Rép. 38 mètres.

2843. *Quelle somme a reçu un coutelier qui a vendu 7 rasoirs à 2 fr. 25 la pièce, et 12 couteaux à 1 fr. 45 l'un ?*

Prix des rasoirs 2,25 × 7, soit 15 fr. 75.
   «   couteaux 12 × 1,45 « 17 • 40.
Somme reçue 15,75 + 17,40.

Rép. 33 fr. 15 centimes.

2844. *Il faut* 18 *aiguilles pour faire un paquet : combien* 2 808 *aiguilles feront-elles de douzaines de paquets ?*

Nombre de paquets 2 808 : 18, soit 156.
«   douzaines 156 : 12.

Rép. 13 douzaines.

2845. *Un enfant a* 15 *ans, son frère aîné* 2 *ans de plus, et sa sœur a* 3 *ans de moins : quelle est la somme des trois âges ?*

Age de l'aîné 15 + 2, ou 17 ans.
Age de la sœur 15 — 3, « 12 «
Somme des âges 15 + 17 + 12.

Rép. 44 ans.

2846. *Quel est le prix total de* 3 *meubles, sachant que le premier coûte* 18 *fr., que le second coûte* 8 *fr. de plus, et que le troisième coûte autant que les deux autres ?*

Prix du second 18 + 8, ou 26 fr.
«   troisième 18 + 26, ou 44 fr.
Prix des trois 18 + 26 + 44.

Rép. 88 francs.

2847. *Lorsque* 75 *douzaines de harengs coûtent* 36 *fr., quel est le prix d'un hareng ?*

Prix de la douzaine 36 : 75, ou 0 fr. 48.
Prix d'un hareng 0,48 : 12.

Rép. 0 fr. 04 centimes.

2848. *S'il faut* 5 *gerbes pour donner* 3 *litres de blé, combien* 145 *gerbes donneront-elles de litres ?*

Nombre de fois 5 gerbes 145 : 5, soit 29.
Nombre de litres 29 × 3.

Rép. 87 litres.

2849. *S'il faut* 5 *gerbes pour donner* 3 *litres de blé, combien a-t-il fallu de gerbes pour donner* 81 *litres ?*

Nombre de fois 3 litres 81 : 3, soit 27.
Nombre de gerbes 27 × 3.

Rép. 135 gerbes.

2850. *Une cage coûte* 9 *fr.* 40, *le serin qu'elle renferme vaut la moitié moins : quel est le prix du tout ?*

Prix du serin 9,40 : 2, ou 4 fr. 70.
Prix du tout 9,40 + 4,70.

Rép. 14 fr. 10 centimes.

2851. *Une cage coûte* 5 *fr.* 45, *le perroquet qu'elle renferme vaut deux fois autant : quel est le prix du tout ?*

Prix du perroquet 5,45 × 2, ou 10 fr. 90.
Prix du tout 5,45 + 10,90.

Rép. 16 fr. 35 centimes.

2852. *Combien coûtent 8 couvertures de laine à 7 fr. 80 et 6 couvertures de coton à 3 fr. 50?*

Prix des premières $8 \times 7,80$, ou 62 fr. 40.
«   secondes $6 \times 3,50$, « 21 «
Prix total $62,40 + 21$.

Rép. 83 fr. 40 centimes.

2853. *S'il faut 56 caisses pour contenir 17 472 oranges, combien chaque caisse contient-elle de douzaines d'oranges?*

Une caisse contient $17\,472 : 56$, soit 312 oranges.
Nombre de douzaines $312 : 12$.

Rép. 26 douzaines.

2854. *Combien pourra-t-on faire de chemises avec 616 mètres de toile s'il faut 8 mètres pour faire 3 chemises?*

Nombre de fois 8 mètres $616 : 8$, soit 77.
Nombre de chemises 77×3.

Rép. 231 chemises.

2855. *Combien aura-t-on de mètres de drap pour 765 fr., si 2 mètres de drap coûtent 15 fr.?*

Prix d'un mètre $15 : 2$, soit 7 fr. 50.
On aura donc $765 : 7,50$.

Rép. 102 mètres.

2856. *Un noyer a été abattu, le tronc vaut 45 fr. 60, les grosses branches 25 fr. 80, et le menu bois 8 fr. 50 : quel est le prix de l'arbre?*

Le prix est $45,60 + 25,80 + 8,50$.

Rép. 79 fr. 90 centimes.

2857. *Un tonneau de vin de 225 litres a coûté 85 fr. d'achat et 23 fr. de port : quel est le prix du litre?*

Prix du tonneau $85 + 23$, soit 108.
Prix du litre $108 : 225$.

Rép. 0 fr. 48 centimes.

2858. *Combien faut-il de boîtes pour contenir 50 400 plumes, si chaque boîte en renferme 12 douzaines?*

12 douzaines font 12×12 ou 144.
Il faudra $50\,400 : 144$.

Rép. 350 boîtes.

2859. *Combien coûtent 24 doubles-stères de bois à raison de 33 fr. les 3 stères?*

24 doubles-stères font 48 stères.
Prix d'un stère $33 : 3$, soit 11 fr.
Prix de tout le bois 48×11.

Rép. 528 francs.

2860. *Un tonneau d'huile de 250 litres a coûté 440 fr., on a payé 18 fr. de port et 2 fr. pour menus frais : à combien revient le litre?*

Prix du tonneau 440 + 18 + 2, soit 460 fr.
Prix du litre 460 : 250.

Rép. 1 fr. 84 centimes.

2861. *Quel est le prix de 3 douzaines d'encriers, si 2 douzaines ont coûté 6 fr. 60 centimes ?*

Prix d'une douzaine 6,60 : 2, ou 3 fr. 30.
Prix de 3 douzaines 3,30 × 3.

Rép. 9 fr. 90 centimes.

2862. *Combien valent 45 parapluies à raison de 28 fr. les trois?*

Nombre de fois 3 parapluies 45 : 3, soit 15.
Prix total 28 × 15.

Rép. 420 francs.

2863. *Un fabricant vend des montres à raison de 51 fr. les deux : combien a-t-il vendu de montres s'il a reçu 2 346 fr. ?*

Prix d'une montre 51 : 2, soit 25 fr. 50.
Nombre de montres 2 346 : 25,5.

Rép. 92 montres.

2864. *Quel est le prix d'un kilog. de savon, sachant que 5 pains de 7 kilog. ont coûté 23 fr. 80?*

5 pains de 7 kilog. font 5 × 7, ou 35 kilog.
Prix d'un kilog. 23,8 : 35.

Rép. 0 fr. 68 centimes.

2865. *Combien faudra-t-il de caisses pour contenir 39 780 biscuits pour l'armée, si chaque caisse en contient 17 douzaines?*

Une caisse contient 17 × 12, ou 204 biscuits.
Il faudra donc 39 780 : 204.

Rép. 195 caisses.

2866. *Pour 277 fr. 50 on a eu 370 litres de vin; on demande quel est le prix du double-décalitre.*

Prix d'un litre 277,50 : 370, soit 0 fr. 75.
Prix de 20 litres 0,75 × 20.

Rép. 15 francs.

2867. *Combien y a-t-il de minutes dans un mois de 31 jours ?*

Nombre d'heures 24 × 31, soit 744.
«   de minutes 744 × 60.

Rép. 44 640 minutes.

2868. *Combien y a-t-il de minutes dans une année de 365 jours?*

Nombre d'heures 365×24, soit 8 760.
«   de minutes $8 760 \times 60$.

Rép. 525 600 minutes.

2869. *Une fontaine donne 4 litres 25 par minute, combien donne-t-elle d'hectolitres dans un mois de 30 jours?*

Dans une heure elle donne $4,25 \times 60$, ou 255 litres.
Dans un jour elle donne 255×24, ou 6 120 lit.
Dans un mois elle donne $6 120 \times 30$, ou 183 600 lit.
Nombre d'hectolitres $183 600 : 100$.

Rép. 1 836 hectolitres.

2870. *Lorsqu'un litre de vinaigre coûte 0 fr. 65 centimes, combien aura-t-on de tonneaux de 75 litres pour 341 fr. 25?*

Litres qu'on aura $341,25 : 0,65$, soit 525.
Nombre de tonneaux $525 : 75$.

Rép. 7 tonneaux.

2871. *Quel est le prix de 12 croisées, sachant que pour une seule il faut payer 48 fr. 50 au menuisier, 4 fr. 25 au peintre, 8 fr. 75 au serrurier et 8 fr. 50 au vitrier?*

Une croisée coûte $48.5 + 4,25 + 8,75 + 8,50$, ou 70 fr.
Prix de 12 croisées 70×12.

Rép. 840 francs.

2872. *Que doit-on à un peintre qui a passé en couleur 5 portes d'un bâtiment, sachant qu'il demande pour chaque porte 3 fr. 75 pour le dehors et 2 fr. 25 pour le dedans?*

Pour une porte il faut $3,75 + 2,25$, soit 6 fr.
On doit au peintre 5×6.

Rép. 30 francs.

2873. *Combien doit-on payer pour 3 mois d'éclairage au gaz, sachant que le premier mois on a brûlé 325 mètres cubes, le second mois les quatre cinquièmes de ce qu'on a brûlé le premier mois, et le troisième mois 205 mètres, à raison de 35 cent. le mètre?*

Le cinquième de 325 est $325 : 5$, ou 65.
Les quatre cinquièmes seront 65×4, ou 260.
Gaz brûlé $325 + 260 + 205$, soit 790 mètres cubes.
On doit payer $790 \times 0,35$.

Rép. 276 fr. 50 centimes.

2874. *On achète 250 fr. 50 une armoire renfermant 196 volumes; on vend l'armoire 21 fr. et chacun des volumes 1 fr. 25: combien a-t-on gagné?*

Prix des volumes 196 × 1,25, ou 245 fr.
Prix de vente 21 + 245, soit 266 fr.
Bénéfice 266 — 250,50.

Rép. 15 fr. 50 centimes.

2875. *Un bateau contient 325 stères de bois, un autre en contient 78 stères de plus : combien contiennent les deux bateaux ?*

Ils contiennent 325 + 325 + 78.

Rép. 728 stères.

2876. *Combien doit-on payer pour 398 volumes, une moitié à raison de 1 fr. 25 le volume, et l'autre moitié à raison de 0 fr. 95 ?*

La moitié de 398 est 398 : 2, ou 199.
Prix des premiers 199 × 1,25, « 248 fr. 75.
     «   seconds 199 × 0,95, « 189 « 05.
On doit payer 248,75 + 189,05.

Rép. 437 fr. 80 centimes.

2877. *Une voiture de charbon contient 115 hectolitres, une seconde en contient 13 hectolitres de plus, et une troisième 9 hectolitres de plus que la deuxième : dire le nombre d'hectolitres que contiennent ces trois voitures.*

La 2ᵉ contient 115 + 13, soit 128 hectolitres.
La 3ᵉ   «   128 + 9   «   137   «
Total 115 + 128 + 137.

Rép. 380 hectolitres.

2878. *A combien s'élève la dépense faite pour tapisser un appartement, sachant qu'on a employé 18 rouleaux de papier à raison de 0 fr. 65, et que l'ouvrier a reçu 4 fr. 75 pour sa peine ?*

Prix du papier 18 × 0,65, soit 11 fr. 70.
Dépense totale 11,70 + 4,75.

Rép. 16 fr. 45 centimes.

2879. *A combien reviennent 12 volumes, sachant qu'ils ont coûté, brochés, 60 fr., et que la reliure de chacun coûte 75 centimes ?*

Prix de la reliure 12 × 0,75, ou 9 fr.
Prix des 12 volumes reliés 9 + 60.

Rép. 69 francs.

2880. *Il est mort à Paris, le dimanche, 127 personnes, le lundi 119, le mardi 135, le mercredi 148, le jeudi 129, le ven-*

dredi 140, *le samedi* 132 : *combien est-il mort de personnes pendant la semaine ?*

Il est mort 127 + 119 + 135 + 148 + 129 + 140 + 132.

Rép. 930 personnes.

2881. *Quelle somme retirera-t-on de la vente d'un veau, sachant qu'il fournit 16 kilogrammes de viande de 1re qualité à raison de 1 fr. 80 le kilog., et 37 kilog. de 2e qualité à raison de 1 fr. 55 le kilog ?*

La 1re qualité vaut $16 \times 1,80$, soit 28 fr. 80.
La 2e   « $37 \times 1,55$,   « 57 « 35.
Somme retirée 28,80 + 57,35.

Rép. 86 fr. 15 centimes.

2882. *Un particulier a fait trois payements : le premier de 25 fr. 30, le second dépassait le premier de 145 fr. 35, et le troisième dépassait le second de 85 fr. 75 : quel a été le total de ces payements ?*

Le 2e payement est 625,30 + 145,35, ou 770 fr. 65.
Le 3e   «   770,65 + 85,75, « 856 « 40.
Le total est 625,30 + 770,65 + 856,40.

Rép. 2 252 fr. 35 centimes.

2883. *Combien fournira de douzaines d'aiguilles un fil d'acier long de 43 200 millimètres, si chaque aiguille a 32 millimètres ?*

Nombre d'aiguilles 43 200 : 32, soit **1 350**.
   «   de douzaines 1 350 : 12.

Rép. 112 douz. et demie.

2884. *Combien coûtent 7 douzaines de rasoirs à raison de 2 fr. 15 la pièce ?*

7 douzaines font 12×7, soit 84.
Prix des rasoirs $84 \times 2,15$.

Rép. 180 fr. 60 centimes.

2885. *Un tableau sans son cadre coûte 180 fr.; avec son cadre non doré il vaut 208 fr., et avec son cadre doré il vaut 235 fr. : quel est le prix du cadre non doré et celui de la dorure ?*

Prix du cadre non doré 208 — 180.

Rép. 28 francs.

Prix de la dorure 235 — 208.

Rép. 27 francs.

2886. *Un vitrier reçoit 3 caisses de verre; la première coûte 80 fr. 50, la seconde coûte 15 fr. 75 de plus que la première, et* *la troisième coûte autant que les deux premières : quel est le prix de chaque caisse, et le prix total ?*

Prix de la 2ᵉ caisse 89,50 + 15,75, soit 105 fr. 25.

«   3ᵉ caisse 89,50 + 105,25, «   194 fr. 75.

Prix total 89,50 + 105,25 + 194,75.

Rép. 389 fr. 50 centimes.

2887. *Quelle somme doit-on débourser pour payer 12 draps de lit à raison de 6 fr. 50 le drap, et 18 chemises, si chaque chemise vaut 4 fr. 25 ?*

Prix des draps   12 × 6,50, soit 78 fr.

«   chemises 18 × 4,25, «   76 fr .50.

On doit débourser 78 + 76,50.

Rép. 154 fr. 50 centimes.

2888. *On achète 250 litres de vin pour 140 fr., on y met 10 litres d'eau et 2 litres d'eau-de-vie à 1 fr. 50 le litre : combien gagne-t-on si l'on vend le litre 0 fr. 75 ?*

Prix de l'eau-de-vie 1,50 × 2, ou 3 fr.

«   du mélange 140 + 3, ou 143 fr.

Nombre de litres du mélange 250 + 10 + 2, ou 262.

Prix de vente 262 × 0,75, soit 196 fr. 50 centimes.

Bénéfice 196,50 — 143.

Rép. 53 fr. 50 centimes.

2889. *Combien pourra-t-on avoir de litres de vin à raison de 55 centimes le litre avec l'argent qu'on retirera en vendant 48 litres d'huile au prix de 1 fr. 65 le litre ?*

Prix de l'huile 48 × 1,65, soit 79 fr. 20.

On aura donc 79,20 : 0,55.

Rép. 144 litres.

2890. *Quel est le prix d'une montre et de sa chaîne, sachant que la montre coûte 45 fr. et que la chaîne vaut 33 fr. de moins ?*

Prix de la chaîne 45 — 33, ou 12 fr.

Prix total 45 + 12.

Rép. 57 francs.

2891. *Un sac de farine coûte 68 fr., on en fait 145 pains que l'on vend 65 centimes : combien gagne-t-on ?*

Prix du pain 145 × 0,65, soit 94 fr. 25.

Gain réalisé 94,25 — 68.

Rép. 26 fr. 25 centimes.

2892. *Quel est le prix d'un habit, sachant que le drap vaut 65 fr., que la doublure coûte 12 fr. 50, si la façon est le cinquième du prix du drap ?*

Le cinquième du prix du drap est 65 : 5, ou 13.

Prix du drap et de la doublure 65 + 12,5, ou 77 fr. 50.

Prix de l'habit 77,50 + 13.

Rép. 90 fr. 50 centimes.

2893. *Un poêle avec ses tuyaux et sa plaque coûte 45 fr. : quel est le prix du poêle si les tuyaux coûtent 12 fr. 50 et la plaque 1 fr. 25 ?*

Prix des tuyaux et de la plaque 12,50 + 1,25, ou 13 fr. 75.

Prix du poêle 45 — 13,75.

Rép. 31 fr. 25 centimes.

2894. *Un éleveur fournit chaque semaine à un grand boucher de Paris 12 bœufs à raison de 340 fr. la pièce : quelle somme lui devra-t-on au bout d'un an, sachant que dans un an il y a 52 semaines ?*

Nombre de bœufs fournis 12 × 52, soit 624.

Valeur des bœufs 624 × 340.

Rép. 212 160 francs.

2895. *Un poêle avec ses tuyaux et sa plaque a coûté 32 fr. 75 : quel est le prix des tuyaux si le poêle coûte 25 fr. et sa plaque 1 fr. 15 ?*

Prix du poêle et de la plaque 25 + 1,15, ou 26 fr. 15.

Prix des tuyaux 32,75 — 26,15.

Rép. 6 fr. 60 centimes.

2896. *Un poêle avec ses tuyaux et sa plaque a coûté 48 fr. quel est le prix de la plaque si le poêle vaut 28 fr. et les tuyaux 16 fr. 65 ?*

Prix du poêle et des tuyaux 28 + 16,65, ou 44 fr. 65.

Prix de la plaque 48 — 44,65.

Rép. 3 fr. 35 centimes.

2897. *Combien doit-on débourser pour payer 8 cahiers de 25 centimes, 13 cahiers de 15 centimes et 19 cahiers de 5 cent. ?*

Prix des cahiers à 0 fr. 25,   8 × 0,25, ou 2 fr.

      «   0 fr. 15,   13 × 0,15, « 1 fr. 95.

      «   0 fr. 05,   19 × 0,05, «   0 fr. 95 cent.

On doit débourser 2 + 1,95 + 0,95.

Rép. 4 fr. 90 centimes.

2898. *Un pain de cire a coûté 18 fr. : quel bénéfice fera-t-on si l'on peut avec ce pain faire 3 cierges à 5 fr. 25 et 8 cierges à 1 fr. 30 ?*

Prix des cierges à 5 fr. 25,   3 × 5,25, ou 15 fr. 75.

    «   1 fr. 30,   8 × 1,30, « 10 fr. 40.

Prix de tous les cierges 15,75 + 10,40, soit 26 fr. 15.
Bénéfice 26,15 — 18.

Rép. 8 fr. 15 centimes.

2899. *Un jardinier achète 250 pots à 0 fr. 13, 160 à 0 fr. 17, et 120 à 0 fr. 22 : combien aura-t-il à payer?*

Prix des pots à 0 fr. 13, 250 × 0,13, ou 32 fr. 50.
  «   à 0 fr. 17, 160 × 0,17, « 27 fr. 20.
  «   à 0 fr. 22, 120 × 0,22, « 26 fr. 40.
Prix total 32,50 + 27,20 + 26,40.

Rép. 86 fr. 10 centimes.

2900. *Un tailleur achète 85 mètres de drap à 12 fr. 50, et autant de doublure à 0 fr. 85 : quelle somme aura-t-il à payer si on lui fait un rabais de 9 fr. 80 ?*

Prix du drap   85 × 12,50, soit 1 062 fr. 50.
Prix de la doublure 85 × 0,85, «   72 fr. 25.
Prix total 1 062,50 + 72,25, soit 1 134 fr. 75.
Somme à payer 1 134,75 — 9,80.

Rép. 1 124 fr. 95 centimes.

2901. *Combien coûte un chemin de croix, sachant que chacun des 14 tableaux vaut 12 fr. 50 et que les cadres valent en tout 35 fr. ?*

Prix des tableaux 14 × 12,50, soit 175 fr.
Prix total 175 + 35.

Rép. 210 francs.

2902. *Une vache donne 13 litres de lait par jour, combien rapporte-t-elle dans un mois de 31 jours si le litre de lait se vend 25 centimes?*

Lait produit 31 × 13, ou 403 litres.
La vache rapporte 403 × 0,25.

Rép. 100 fr. 75 centimes.

2903. *Quelle somme avait un ouvrier, sachant qu'après avoir payé une montre 48 fr., sa chaîne 8 fr. 50 et 3 cravates à 0 fr. 75, il lui reste encore 17 fr. ?*

Prix des 3 cravates 3 × 0,75, ou 2 fr. 25.
L'ouvrier avait 48 + 8,50 + 2,25 + 17.

Rép. 75 fr. 75 centimes.

2904. *Un litre de lait coûte 8 fois moins qu'un kilogramme de viande : quel est le prix d'un litre de lait si 85 kilog. de viande coûtent 142 fr. 80?*

Prix d'un kilog. de viande 142,80 : 85, ou 1 fr. 68.
Prix d'un litre de lait 1,68 : 8.

Rép. 0 fr. 21 centimes.

2905. *Un litre d'huile coûte 5 fois plus qu'un litre de vin : quel est le prix d'un litre d'huile si 48 litres de vin coûtent 21 fr. 60?*

Prix d'un litre de vin 21,60 : 48, soit 0 fr. 45.

Prix d'un litre d'huile 0,45 × 5.

Rép. 2 fr. 25 centimes.

2906. *Un marchand a acheté 64 mètres de drap à 9 fr. 60; il veut gagner 89 fr. 60 : combien doit-il revendre le mètre?*

Prix d'achat 64 × 9,60, soit 614 fr. 4.

Prix de vente 614,4 + 89,6, soit 704 fr.

Il doit revendre le mètre 704 : 64.

Rép. 11 francs.

2907. *Un marchand a acheté 54 mètres de velours à 4 fr. 05 le mètre; il veut retirer en tout 280 fr. 75 : quel sera son bénéfice?*

Prix d'achat 54 × 4,05, soit 218 fr. 70.

Bénéfice 280,75 — 218,70.

Rép. 62 fr. 05 centimes.

2908. *Un marchand a acheté 32 châles à raison de 28 fr. ; il les vend 1 008 fr. : quel est son bénéfice sur un châle?*

Prix d'achat 32 × 28, ou 896 fr.

Bénéfice total 1 008 — 896, ou 112 fr.

«   sur un châle 112 : 32.

Rép. 3 fr. 50 centimes.

2909. *Un vitrier a fourni 84 carreaux à raison de 2 fr. 10; il prend pour les poser le cinquième de la valeur du verre : quelle somme doit-on lui donner?*

Prix du verre 84 × 2,10, soit 176 fr. 4.

Le cinquième de 176,4 est 176,4 : 5, ou 35 fr. 28.

Somme due au vitrier 176,40 + 35,28.

Rép. 211 fr. 68 centimes.

2910. *Un arbre a été acheté 78 fr., on a dépensé pour le faire scier 18 fr. 50 : quel bénéfice a-t-on fait si l'on a obtenu 8 plateaux qu'on a vendus 14 fr. la pièce?*

Prix de revient des 8 plateaux 78 + 18,50, ou 96 fr. 50.

Prix de vente   «   8 × 14, ou 112 fr.

Bénéfice 112 — 96,50.

Rép. 15 fr. 50 centimes.

2911. *Un marchand achète 15 vases de porcelaine 147 fr., il en casse 3 : combien doit-il vendre les autres pour ne rien perdre ni ne rien gagner?*

Nombre de vases à vendre 15 — 3, ou 12
Prix de vente d'un vase 147 : 12.

Rép. 12 fr. 25 centimes.

2912. *Un marchand achète 16 vases 167 fr., il en garde un et veut gagner 13 fr. : combien doit-il vendre chacun des autres ?*

Prix de vente 167 + 13, soit 180 fr.
On doit vendre chaque vase 180 : 15.

Rép, 12 francs.

2913. *Trois ouvriers ont acheté une maison 12 600 fr., ils l'ont revendue 13 560 fr. : combien chacun aura-t-il sur le bénéfice ?*

Bénéfice réalisé 13 560 — 12 600, ou 960 fr.
Chaque ouvrier aura gagné 960 : 3.

Rép. 320 francs.

2914. *Un maître maçon reçoit 385 fr. pour payer 14 ouvriers, il leur donne à chacun 25 fr. 50 : que reste-t-il pour lui ?*

Somme donnée aux ouvriers 14 × 25,5, ou 357 fr.
Il reste au maître 385 — 357.

Rép. 28 francs.

2915. *Un patron reçoit 360 fr., il garde pour lui 36 fr., le reste est distribué à 12 ouvriers : que revient-il à chacun ?*

Somme à distribuer 360 — 36, soit 324 fr.
Part d'un ouvrier 324 : 12.

Rép. 27 francs.

2916. *Un rentier a 5 fr. 25 à dépenser par jour de chaque année ordinaire de 365 jours : quelle est sa dépense journalière quand l'année a 366 jours ?*

Dépense pour 365 jours   365 × 5,25, ou 1 916 fr. 25.
La dépense journalière sera 1 916,25 : 366.

Rép. 5 fr. 23 centimes.

2917. *65 kilogrammes de farine coûtent 21 fr. 75 et donnent 38 pains de 2 kilog., que l'on vend 0 fr. 38 le kilog. : quel bénéfice fait-on ?*

Nombre de kilog. de pain 38 × 2, ou 76 kilog.
Prix de vente des pains 76 × 0,38, ou 28 fr. 88.
Bénéfice 28,88 — 21,75.

Rép. 7 fr. 13 centimes.

2918. *Un homme charitable donne 3 francs aux pauvres toutes les fois qu'il gagne 120 francs : quelle somme a-t-il* *gagnée dans une année si la part des pauvres s'est élevée à 96 fr. ?*

Nombre de fois 3 fr. contenus dans 96,   96 : 3, ou 32
Bénéfice réalisé 32 × 120.

Rép. 3 840 francs.

2919. *Deux oiseaux portent à leurs petits chacun 18 insectes par heure et font cela pendant 17 jours : combien ces oiseaux auront-ils détruit d'insectes s'ils travaillent pendant 14 heures chaque jour ?*

Insectes détruits par heure   18 × 2,   ou   36.
          «   jour   36 × 14,   «   504.
          «   en 17 jours 504 × 17,   «   8 568.

Rép. 8 568 insectes.

2920. *Lorsque 35 pantalons coûtent 385 fr., combien coûteront 18 pantalons ?*

Un pantalon coûte 385 : 35, ou **11 fr.**
18 pantalons coûteront 11 × 18.

Rép. 198 francs.

2921. *Si 75 litres de pétrole coûtent 90 fr., combien coûtera un tonneau qui contient 232 litres ?*

Un litre coûte 90 : 75, ou 1 fr. **20.**
Le tonneau coûtera 232 × 1,20.

Rép. 278 fr. 40 centimes.

2922. *Quel est le revenu d'une propriété, sachant que le quart de ce revenu suffit pour payer 32 ouvriers pendant 6 jours à raison de 4 fr. 50 par jour ?*

Prix d'une journée   32 × 4,50, ou 144 fr.
  «   de 6 journées   144 × 6, ou 864 fr.
Le revenu est   864 × 4.

Rép. 3 456 francs.

2923. *Quel est le revenu d'un particulier, sachant qu'avec ce revenu il peut dépenser 3 fr. 25 par jour et consacrer chaque semaine 1 fr. 25 pour les pauvres ?*

Dépense pour 365 jours   365 × 3,25, ou 1 186 fr. 25.
   «   52 semaines 1,25 × 52   »   65 fr.
Le revenu est de 1 186,25 + 65.

Rép. 1 251 fr. 25 centimes.

2924. *Un libraire achète une douzaine de volumes au prix de 4 fr. 50 le volume, il reçoit en plus le treizième qu'il ne doit pas payer; on lui fait un rabais de 13 fr. 50 sur le prix d'achat : dire combien gagne le libraire s'il vend chaque volume 4 fr. 60.*

Prix des volumes $12 \times 4,50$, soit 54 fr.
Prix net $54 - 13,50$, «   40 fr. 50.
Prix de vente $13 \times 4,60$, «   59 fr. 80.
Le libraire gagne $59,80 - 40,50$.

Rép. 19 fr. 30 centimes.

2925. *Combien un jardinier doit-il vendre de géraniums, à raison de 45 centimes l'un, pour payer 144 cloches en verre qu'il a achetées au prix de 1 fr. 30 la cloche ?*

Prix des cloches $144 \times 1,30$, ou 187 fr. 20.
Il doit vendre $187,20 : 0,45$.

Rép. 416 géraniums.

2926. *Lorsque 18 mètres de toile coûtent 45 fr., combien coûteront 15 mètres ?*

Un mètre coûte $45 : 18$, ou 2 fr. 50.
15 mètres coûteront $2,50 \times 15$.

Rép. 37 fr. 50 centimes.

2927. *Lorsque 15 mètres de drap coûtent 217 fr. 50, combien aura-t-on de mètres pour 306 fr. ?*

Un mètre coûte $217,50 : 15$, ou 14 fr. 50.
On aura donc $306 : 14,50$.

Rép. 21 mètres 10.

2928. *On achète 12 sacs de haricots à raison de 24 fr. le sac, chaque sac contient 13 décalitres; on vend les haricots en détail au prix de 20 centimes le litre : combien a-t-on gagné par sac ?*

13 décalitres font 130 litres.
Prix de vente d'un sac $130 \times 0,2$, **ou 26 fr.**
Bénéfice par sac $26 - 24$.

Rép. 2 francs.

2929. *Une usine fournit chaque mois 95 600 bouteilles : combien aura-t-elle gagné après dix-huit mois si le bénéfice est de 17 fr. 50 sur 1000 bouteilles ?*

Nombre de mille de bouteilles 95,600.
Bénéfice par mois $95,6 \times 17,5$, ou 1 673 fr.
Bénéfice total $1 673 \times 18$.

Rép. 30 114 francs.

2930. *Lorsque 24 draps de lit coûtent 132 fr., combien aura-t-on de paires de draps pour 198 fr. ?*

Prix d'un drap $132 : 24$, soit 5 fr. 50.
Prix d'une paire $5,50 \times 2$, ou 11 fr.
On aura donc $198 : 11$.

Rép. 18 paires.

2931. *Lorsque 35 rations coûtent 50 fr. 75, combien coûteront 185 doubles rations ?*

Une ration coûte 50,75 : 35, ou 1 fr. 45.
La double ration coûtera 1,45 × 2, ou 2 fr. 90.
185 doubles rations coûteront 185 × 2,9.

Rép. 536 fr. 50 centimes.

2932. *Quelle est la somme de 5 nombres, sachant que le premier est 48, que le second est double du premier, que le troisième est double du second, et ainsi de suite ?*

Le 2ᵉ nombre est   48 × 2,   soit   96.
Le 3ᵉ   «   96 × 2,   «   192.
Le 4ᵉ   «   192 × 2,   «   384.
Le 5ᵉ   «   384 × 2,   «   768.
Somme 48 + 96 + 192 + 384 + 768.

Rép. 1 488 francs.

2933. *Quelle est la somme de 5 nombres, sachant que le premier est 1 053, que le second n'est que le tiers du premier, que
le troisième n'est que le tiers du second, et ainsi de suite ?*

Le 2ᵉ nombre est 1 053 : 3,   soit   351.
Le 3ᵉ   «   351 : 3,   «   117.
Le 4ᵉ   «   117 : 3,   «   39.
Le 5ᵉ   «   39 : 3,   «   13.
Somme 1 053 + 351 + 117 + 39 + 13.

Rép. 1 573 francs.

2934. *8 kilogrammes de café vert coûtent 4 fr. 20 le kilog. et
donnent 7 kilog. de café brûlé ; combien gagne-t-on si l'on vend
le café brûlé 5 fr. 60 le kilog. ?*

Prix du café vert 8 × 4,20, ou 33 fr. 60.
Prix du café brûlé 7 × 5,60, « 39 fr. 20.
Bénéfice 39,20 — 33,60.

Rép. 5 fr. 60 centimes.

2935. *Si 15 sacs de voyage coûtent 255 fr., combien aura-
t-on de sacs pour 323 fr. ?*

Un sac coûtant 255 : 15, ou 17 fr.;
On aura donc 323 : 17.

Rép. 19 sacs.

2936. *Pour 6 fr. 75 on peut transporter un meuble à 100
kilomètres : à quelle distance pourra-t-on le transporter pour
14 fr. 85 ?*

14 fr. 85 contiennent 6 fr. 75 un nombre de fois marqué par 2,2.
On peut donc transporter à 100 × 2,2.

Rép. 220 kilomètres.

2937. *L'épaisseur de 476 feuilles de papier est de 6 centi-mètres : combien faut-il de feuilles pour que leur épaisseur soit de 45 centimètres ?*

45 contient 6 un nombre de fois marqué par 7,5.
Le nombre de feuilles sera 476 × 7,5.

Rép. 3 570 feuilles.

2938. *Un commis recevait 2 460 fr. de traitement par an, on l'augmente de 25 fr. par mois : dire quel est aujourd'hui son traitement trimestriel ?*

Augmentation annuelle 25 × 12, soit 300 fr.
Traitement annuel 2 460 + 300, soit 2 760.
Traitement trimestriel 2 760 : 4.

Rép. 690 francs.

2939. *Lorsque 8 fuchsias coûtent 12 fr. 40, combien coûte-ront 5 rangées de ces arbrisseaux, si chaque rangée compte 19 fuchsias ?*

5 rangées font 5 × 19, ou 95 fuchsias ;
Un fuchsia coûte 12,40 : 8, soit 1 fr. 55.
95 fuchsias coûtent 95 × 1,55.

Rép. 147 fr. 25 centimes.

2940. *Un marchand achète 4 tonneaux d'eau-de-vie renfer-mant chacun 225 litres ; il les paye à raison de 90 fr. l'hecto-litre : quelle somme devra-t-il débourser si on lui fait un rabais de 8 fr. sur 100 fr. ?*

Nombre de litres   225 × 4, soit 900 litres.
900 litres font 9 hectolitres ;
Prix du vin 9 × 90, soit 810 fr.
Sur 1 fr. on fait un rabais de 8 : 100, ou 0,08.
Sur 810 fr. le rabais sera 0,08 × 810, ou 64 fr. 80.
On déboursera donc 810 — 64,80.

Rép. 745 fr. 20 centimes.

2941. *Un litre de mercure pèse 13 kilog. 6 : combien y a-t-il de litres de ce métal dans un tonneau de fer qui pèse brut 1 310 kilog., sachant que le tonneau vide pèse 154 kilog. ?*

Poids du mercure 1 310 — 154, soit 1 156 kilog.
Nombre de litres 1 156 : 13,6.

Rép. 85 litres.

2942. *Le Rhône verse en moyenne par seconde 550 mètres cubes d'eau dans la mer : combien en verse-t-il dans un jour ?*

Il verse par minutes   550 × 60,   ou   33 000.
    «   heure   33 000 × 60,   «   1 980 000
    «   jour   1 980 000 × 24.

Rép. 47 520 000 mètres cubes.

2943. *Le Rhône verse annuellement dans la Méditerranée environ 18 000 000 de mètres cubes de limon : combien en verse-t-il en moyenne par heure?*

Il verse par jour   18 000 000 : 365, ou 49 315 mètres cubes.

«   heure 49 315 : 24.

Rép. 2054 mètres cubes.

2944. *Lorsque 1 800 fr. donnent un revenu annuel de 72 fr., quel revenu donnera une somme de 7 650 fr.*

1 fr. donne un revenu de 72 : 1800, ou 0 fr. 04.
7 650 donnent 7 650 × 0,04.

Rép. 306 francs.

2945. *Lorsque 3 000 fr. donnent un revenu annuel de 135 fr., quelle somme faudra-t-il pour avoir un revenu annuel de 742 fr. 50?*

1 fr. donne un revenu de 135 : 3 000, ou 0,045.

Autant de fois 0,045 seront contenus dans 742,50, autant de fr. il faudra   742,50 : 0, 045.

Rép. 16 500 francs.

2946. *Une pièce de 5 fr. en argent pèse 25 grammes et contient 22 gr. 5 d'argent pur, le reste est en cuivre : on demande les poids d'argent et de cuivre contenus dans 47 pièces de 5 fr.?*

Le cuivre d'une pièce est 25 — 22,5, ou 2,50.
Poids de l'argent 22,5 × 47.

Rép. 1 057 grammes 5.

Poids du cuivre 2,50 × 47.

Rép. 117 grammes 5.

2947. *Un fil de fer qui entourerait la terre aurait 40 000 000 de mètres de longueur : on demande combien ce fil de fer pèserait de tonnes (1 000 kilog.), si l'on suppose que 16 mètres de ce fil pèsent 3 500 grammes?*

Autant de fois 16 seront contenus dans 40 000 000, autant de fois 3 500 gr. de poids on aura

40 000 000 : 16 donne 2 500 000.

3 500 grammes font 3 kilog. 5.

Poids en kilog. 2 500 000 × 3,5, ou 8 750 000 kilogrammes.
Nombre de tonnes 8 750 000 : 1 000.

Rép. 8 750 tonnes.

2948. *Combien coûte par an un ouvrier à qui l'on donne chaque mois 45 fr. et sa nourriture, estimée 2 fr. 25 par jour, l'année ayant 365 jours?*

Prix pour 12 mois   45 × 12,   soit 540 fr.
Prix de la nourriture 365 × 2,25, «   821 fr. 25 centimes.
L'ouvrier coûte 540 + 821,25.

Rép. 1361 fr. 25 centimes.

2949. *Un chapelier a fourni dans une année 208 képis à une pension, à raison de 4 fr. 25 le képi : combien le chapelier recevra-t-il, s'il ne fait payer que 12 képis sur 13 ?*

Dans 208   13 est contenu 208 : 13, ou 16 fois.
Il faut donc retrancher 16 képis sur 208.
Nombre de képis à payer 208 — 16, ou 192.
Le chapelier recevra 192 × 4,25.

Rép. 816 francs.

2950. *Un train de chemin de fer part de Paris avec 125 voyageurs : à la première station il laisse 25 voyageurs et en prend 18 ; à la seconde il en laisse 34 et en prend 23 ; à la troisième il en laisse 19 et en prend 20 ; à la quatrième il en laisse 48 et en prend 51 : dire combien le train renferme alors de voyageurs.*

Si le train n'avait pas laissé de voyageurs, il en aurait eu
125 + 18 + 23 + 20 + 51, soit 237 voyageurs.
Voyageurs laissés 25 + 34 + 19 + 48, «   126   »
Il reste donc 237 — 126.

Rép. 111 voyageurs.

2951. *Cinq meules de blé contiennent chacune 1 260 gerbes combien ces meules donneront-elles d'hectolitres de blé, si 6 gerbes fournissent 5 litres ?*

Dans 1 260 il y a 210 fois le nombre 6.
Litres d'une meule 210 × 5, ou 1 050 litres.
Litres des 5 meules 1 050 × 5.

Rép. 5 250 litres.

2952. *Une giletière fait 13 gilets par semaine et reçoit 1 fr. 25 par gilet : combien aura-t-elle gagné après 26 semaines, si ses dépenses pour un gilet sont de 15 centimes ?*

La giletière gagne par gilet 1,25 — 0,15, ou 1 fr. 10 centimes.
Nombre de gilets faits 13 × 26, soit 338 gilets.
Le gain est de 338 × 1,10.

Rép. 371 fr. 80 centimes.

2953. *Lorsque 85 litres d'eau de mer donnent 1 kilogramme de sel qu'on vend 0 fr. 22 centimes, quelle est la valeur du sel contenu dans 117 640 litres d'eau de mer ?*

Autant de fois 85 litres seront contenus dans 117 640 litres, autant de fois on aura 0 fr. 22 centimes.
117 640 : 85 donne 1 384.
La valeur du sel sera donc de 1 384 × 0,22.

Rép. 304 fr. 48 centimes.

2954. *La grande source d'eaux minérales de Royat, dans le Puy-de-Dôme, donne 1555200 litres par jour : quelle quantité donne-t-elle par seconde ?*

Débit par heure 1555200 : 24, ou 64800 litres.
 «   minute 64800 : 60, ou 1080 «
 «   seconde 1080 : 60.

 Rép. 18 litres.

2955. *Deux sources donnent, l'une 3 litres et l'autre 2 litres par minute : combien leur faudra-t-il de jours pour remplir un bassin qui contient 18000 litres ?*

Litres versés par minute 3 + 2 ou 5 litres.
Nombre de minutes 18000 : 5, ou 3600.
 « d'heures   3600 : 60, ou 60.
 « de jours   60 : 24.

 Rép. 2 jours 12 heures.

2956. *Un marchand achète un bateau de bois renfermant 640 stères ; il paye la moitié à raison de 9 fr. 75 le stère, et le reste à raison de 10 fr. 50 : quelle somme doit-il débourser s'il a payé pour le mesurage 20 centimes par stère ?*

La moitié de 640 est 640 : 2, ou 320 stères.
Prix d'une moitié 320 × 9,75, soit 3120 fr.
 « de l'autre 320 × 10,5, « 3360 fr.
Prix du mesurage 640 × 0,20, ou 128 fr.
Prix total 3120 + 3360 + 128.

 Rép. 6608 francs.

2957. *Un particulier possède 1825 fr. de revenu annuel, il dépense en moyenne 3 fr. 75 par jour : quelle somme aura-t-il économisée au bout de 3 ans ?*

Dépense par an 365 × 3,75, soit 1368 fr. 75 centimes.
Économie annuelle 1825 — 1368,75, ou 456 fr. 25 centimes.
Il aura économisé 456,25 × 3.

 Rép. 1368 fr. 75 centimes.

2958. *Un rentier possède un revenu annuel de 2190 fr. : combien a-t-il dépensé par jour en moyenne, sachant qu'il a économisé 1368 fr. 75 en 3 ans ?*

Économie d'un an 1368,75 : 3, ou 456 fr. 25 centimes.
Dépense annuelle 2190 — 456,25, ou 1733 fr. 75 centimes.
Dépense journalière 1733,75 : 365.

 Rép. 4 fr. 75 centimes.

2959. *Combien doit-on payer pour une pièce de drap de 48 mètres, sachant que si elle avait 60 mètres on devrait payer 720 fr. en tout ?*

Prix d'un mètre 720 : 60, soit 12 francs.
Prix des 48 mètres 48 × 12.

Rép. 576 francs.

2960. *Combien doit-on payer pour 38 paires de pantoufles, sachant que s'il y avait 8 paires de moins on payerait 73 fr. 50 ?*

30 paires de pantoufles coûtent donc 73 fr. 50 centimes.
Prix d'une paire 73,50 : 30, soit 2 fr. 45 centimes.
Prix des 38   2,45 × 38.

Rép. 93 fr. 10 centimes.

2961. *Combien doit-on payer pour 23 pantalons, sachant que s'il y avait 11 pantalons de plus on payerait 170 fr. 50 de plus que pour les 23 ?*

Prix d'un pantalon 170,5 : 11, soit 15 fr. 50 centimes.
Prix des 23   15,5 × 23.

Rép. 356 fr. 50 centimes.

2962. *Que revient-il à trois associés qui se partagent une somme de 12 800 fr., sachant que le premier en prend le quart, que le second a 2 300 fr. de plus que le premier, et que le troisième a le reste ?*

Part du 1ᵉʳ   12 800 : 4   soit   3 200 fr.
      «   2ᵉ   3 200 + 2 300 , soit   5 500 fr.

Les deux premiers ont donc . . . .   8 700 fr.
Part du 3ᵉ   12 800 — 8 700.

Rép. 4 100 francs.

2963. *Un maquignon achète 5 chevaux 575 fr. pièce ; il en vend 3 à raison de 650 fr. l'un : combien doit-il vendre chacun des 2 autres pour gagner sur les 5 chevaux le prix d'achat d'un cheval ?*

Prix des 5 chevaux   575 × 5, soit 2 875 francs.
Prix à retirer 2 875 + 575, soit 3 450.
Prix de vente de 3 chevaux   650 × 3, soit 1 950.
Il reste encore à tirer 3 450 — 1 950, ou 1 500.
Prix de chacun des 2 chevaux   1 500 : 2.

Rép. 750 francs.

2964. *La couverture d'un château a coûté 326 fr. 70 : combien a-t-elle exigé de centaines d'ardoises si 1 000 ardoises coûtent 16 fr. 50 ?*

Prix de 100 ardoises 16,50 : 10, soit 1 fr. 65 centimes.
Autant de fois 1 fr. 65 sera contenu dans 326,70, autant il aura fallu de centaines d'ardoises   326,70 : 1,65.

Rép. 198 centaines d'ardoises.

2965. *Pour soufrer une vigne on emploie chaque fois 45 kil.*

*de soufre, du prix de 18 fr. les 100 kilog. : quelle dépense néces-
site le soufrage, si on le répète 3 fois chaque année ?*

1 kilog. coûte 18 : 100, soit 0 fr. 18 centimes.

Prix de 45 kilog. 45 × 0,18, ou 8 fr. 10 centimes.

Prix des 3 soufrages 8,10 × 3.

Rép. 24 fr. 30 centimes.

2966. *On achète 18 pièces d'étoffe contenant chacune 64 mouchoirs à raison de 35 fr. la pièce : combien doit-on vendre la
douzaine de mouchoirs pour gagner 118 fr. 80 sur le tout ?*

Prix d'achat 18 × 35, soit 630 francs.

Prix de vente 630 + 118,80, ou 748 fr. 80 centimes.

Nombre de mouchoirs 18 × 64, soit 1152.

Prix d'un mouchoir 748,8 : 1152, ou 0 fr. 65 centimes.

Prix de la douzaine 0,65 × 12.

Rép. 7 fr. 80 centimes.

2967. *Combien gagne-t-on annuellement dans une famille,
sachant qu'on dépense 1548 fr. pour la nourriture, 450 fr. pour
le loyer, 520 fr. pour l'habillement, 48 fr. 75 pour les impôts,
185 fr. pour divers autres frais, et qu'on a pu mettre de côté
3 pièces de 20 fr. par mois ?*

Économie pour 12 mois   20 × 3 × 12, ou 720 francs.

Le gain annuel est de 1548 + 450 + 520 + 48,75 + 185 + 720.

Rép. 3471 fr. 75 centimes.

2968. *Un jardinier achète 300 tulipes à 15 fr. le cent, et
300 pots à raison de 8 fr. le cent : quel bénéfice a-t-il fait s'il
vend la moitié de ses tulipes en pots 30 centimes pièce et l'autre
moitié 35 centimes ?*

Prix des tulipes   3 × 15, soit 45 fr.

 «   pots   3 × 8,   «   24 fr.

Dépense totale 45 + 24, ou 69 francs.

La moitié de 300 est 300 : 2, ou 150.

Produit de la 1re moitié   150 × 0,30, ou 45 francs.

   «   2e   «   150 × 0,35, ou 52 fr. 50 centimes.

Produit total 45 + 52,50, soit 97 fr. 50 centimes.

Bénéfice 97,50 — 69.

Rép. 28 fr. 50 centimes.

2969. *Un marchand achète 1800 oranges 120 fr.; il vend le
premier tiers à raison de 1 fr. 60 la douzaine, le second tiers à
raison de 1 fr. 20 la douzaine, et le troisième tiers à raison de
0 fr. 90 centimes la douzaine : quel bénéfice réalise-t-il ?*

Le tiers de 1800 est 1800 : 3, ou 600.

Nombre de douzaines 600 : 12, ou 50.

Le 1er tiers produit $50 \times 1,60$, soit 80 fr.
Le 2e   « $50 \times 1,20$, « 60 fr.
Le 3e   « $50 \times 0,90$, « 45 fr.

Produit total. . . . .   185 fr.

Bénéfice 185 — 120.

Rép. 65 francs.

2970. *Lorsque 100 aiguilles pèsent 5 grammes, combien y a-t-il de douzaines d'aiguilles dans un paquet qui pèse 1890 grammes?*

5 grammes sont contenus 378 fois dans 1890 grammes.
Il y a donc 1890×100, soit 18900 aiguilles.
Le nombre de douzaines est 18900 : 12.
Rép. 1575 douzaines.

2971. *On achète 4 sacs de café pesant chacun 75 kilog. au prix de 340 fr. les 100 kilog., on paye pour les 4 sacs 25 fr. de port et 8 fr. 10 d'entrée : combien gagnera-t-on si l'on vend le café en détail au prix de 4 fr. 25 le kilog.?*

Poids des 4 sacs 4×75, ou 300 kilogrammes.
Prix d'achat 3×340, soit 1020 francs.
Frais $25 + 8,10$, ou 33 fr. 10 centimes.
Dépense totale $1020 + 33,10$, soit 1053 fr. 10 centimes.
Argent retiré 300×4.25, ou 1275 francs.
Bénéfice 1275 — 1053,10.

Rép. 221 fr. 90 centimes.

2972. *Un particulier achète une coupe de bois 10500 fr.; il dépense pour l'exploiter 1580 fr., et il en tire 1275 stères de bois qu'il vend 9 fr. 50 le stère, et 16800 fagots qu'on lui paye 6 fr. 25 le cent : quel bénéfice aura-t-il fait?*

Prix de la coupe $10500 + 1580$, soit 12080 francs.
Valeur du bois $1275 \times 9,50$, ou 12112 fr. 50 centimes.
Valeur des fagots $168 \times 6,25$, ou 1050 fr.
Argent retiré $12112,50 + 1050$, soit 13162 fr. 50 centimes.
Bénéfice 13162,50 — 12080.

Rép. 1082 fr. 50 centimes.

2973. *Une colonne de granit d'une seule pièce vaut 160 fr. lorsqu'elle est simplement taillée; on la fait polir, et elle vaut alors 248 fr. : combien est estimée la journée du polisseur s'il a employé 16 jours à ce travail?*

Prix du polissage 248 — 160, soit 88 francs.
Prix de la journée 88 : 16.
Rép. 5 fr. 50 centimes.

2974. *Combien coûtent 25 lits complets, sachant que le bois vaut 18 fr., le sommier 16 fr. 50, le traversin 3 fr. 75, et 3 couvertures, en tout 15 fr.?*

Prix d'un lit 18 + 16,50, + 3,75 + 15, soit 53 fr. 25 centimes.

Prix des 25 lits   53,25 × 25.

Rép. 1331 fr. 25 centimes.

2975. *Dans une maison on a posé 8 tuyaux de descente en fer-blanc pour la conduite des eaux pluviales, chaque tuyau a 8 mètres 50 de longueur et coûte 1 fr. 25 le mètre : que doit-on payer à l'ouvrier ?*

Longueur des tuyaux 8,50 × 8, ou 68 mètres.

Prix du travail 68 × 1,25.

Rép. 85 francs.

2976. *Une usine a fourni dans une année 12500 pelles à 0 fr. 75 la pièce, 7300 faux à 2 fr. 75, et 8250 pioches à 1 fr. 85 : quelle recette a-t-elle faite ?*

Prix des pelles   12500 × 0,75, soit   9375 fr.

«   faux   7300 × 2,75,   »   20075 fr.

•   pioches   8250 × 1,85,   »   15262 fr. 50

Recette totale . . . .   44712 fr. 50

Rép. 44712 fr. 50 centimes.

2977. *Un bec de gaz brûle 125 litres par heure; on le laisse allumé 4 heures par jour pendant 148 jours : quelle sera la dépense si 1000 litres coûtent 35 centimes ?*

Gaz brûlé par jour   125 × 4,   soit   500 litres.

«   en 148 jours   500 × 148,   «   74000 litres.

La dépense sera 74 × 0,35.

Rép. 25 fr. 90 centimes.

2978. *Quelle somme faut-il pour payer un chapeau de 4 fr. 25, un gilet qui vaut le double du chapeau et encore 3 fr., et un habit qui vaut 19 fr. 25 de plus que le chapeau et le gilet ?*

Prix du gilet   4,25 + 4,25 + 3, soit 11 fr. 50 centimes.

Prix de l'habit 4,25 + 11,50 + 19,25, soit 35 francs.

Prix total 4,25 + 11,50 + 35.

Rép. 50 fr. 75 centimes.

2979. *Combien coûtent 3 douzaines de chemises de trois grandeurs différentes, une douzaine de chacune, si les chemises de première grandeur coûtent 5 fr. 15 l'une, celle de la deuxième 4 fr. 25, et celle de la troisième 3 fr. 75 ?*

Prix de la 1ʳᵉ douzaine 12 × 5,15, ou 61 fr. 80

«   2ᵉ   «   12 × 4,25, ou 51 fr.

«   3ᵉ   «   12 × 3,75, ou 45 fr.

Prix total. . . . .   157 fr. 80

Rép. 157 fr. 80 centimes.

2980. *On a déboursé 396 fr.; la moitié de cette somme a été employée à payer 2 douzaines de casquettes, et l'autre moitié à solder 18 paires de souliers : quel est le prix d'une casquette et celui d'une paire de souliers ?*

La moitié de 396 est 198.

2 douzaines font 24.

Prix d'une casquette 198 : 24.

Rép. 8 fr. 25 centimes.

Prix d'une paire de souliers 198 : 18.

Rép. 11 francs.

2981. *Un voiturier a conduit un chargement, et il lui a fallu trois jours : quel est son bénéfice s'il a reçu 47 fr. 25, sachant que chacun de ses trois chevaux lui a coûté 2 fr. 50 par jour, et que la dépense pour sa nourriture journalière s'élevait à 4 fr. 25 ?*

Dépense des chevaux $3 \times 3 \times 2,50$, soit 22 fr. 50 centimes.

Dépense personnelle $3 \times 4,25$, soit 12 fr. 75 centimes.

Total de la dépense $22,50 + 12,75$, ou **35 fr.** 25 centimes.

Bénéfice $47,25 - 35,25$.

Rép. 12 francs.

2982. *Dans une église il y a 12 lustres, chaque lustre porte 18 bougies, chaque bougie vaut 15 centimes : quel est le prix de toutes ces bougies ?*

Nombre de bougies 12×18, soit 216.

Prix des bougies $216 \times 0,15$.

Rép. 32 fr. 40 centimes.

2983. *Combien gagne un marchand qui a acheté 4200 pêches à raison de 3 fr. 50 le cent, et qui les a vendues 45 centimes la douzaine ?*

Dans 4200 il y a 350 douzaines.

Prix d'achat $42 \times 3,5$, soit 147 francs.

Prix de vente $350 \times 0,45$, soit 157 fr. 50 centimes.

Bénéfice $157,5 - 147$.

Rép. 10 fr. 50 centimes.

2984. *Un sculpteur achète un tronc d'arbre 25 fr., il en fait une statue qui lui prend 18 jours de travail; pour l'embellir il dépense 9 fr. d'or et 2 fr. de couleur : combien aura-t-il gagné chacune des journées de travail s'il vend la statue 180 fr. ?*

Dépenses $25 + 9 + 2$, soit 36 francs.

Prix du travail $180 - 36$, ou 144 francs.

Gain de la journée 144 : 18.

Rép. 8 francs.

2985. *Un service de table se compose d'une cuiller qui vaut 4 fr., d'une fourchette de 2 fr. 50, et d'une timbale du prix de 2 fr. 75 : combien coûteront 24 services ?*

Prix d'un service   4 + 2,50 + 2,75, ou 9 fr. 25 centimes.
Prix de 24 services 9,25 × 24.

Rép. 222 francs.

2986. *Un service de table pour un élève pensionnaire comprend une cuiller de 3 fr. 75, une fourchette de 2 fr. 25, une timbale de 3 fr. 75, et un couteau de 0 fr. 75 : combien aura-t-on de services pour 504 fr. ?*

Prix d'un service 3,75 + 2,25 + 3,75 + 0,75, ou 10 fr. 50 cent.
On aura donc 504 : 10,50.

Rép. 48 services.

2987. *On échange 9 tonneaux de vin vieux contre 13 tonneaux de vin nouveau : quelle est la valeur du tonneau de vin vieux, si un tonneau de vin nouveau est estimé 126 fr. ?*

Prix du vin nouveau 126 × 13, soit 1 638 francs.
Prix du tonneau de vin vieux 1 638 : 9.

Rép. 182 francs.

2988. *On donne 36 chaises à 8 fr. 50 contre 15 fauteuils et 7 fr. 50 d'argent : quel est le prix d'un fauteuil ?*

Prix des chaises 36 × 8,5, soit 306 francs.
Prix des fauteuils 306 — 7,50, soit 298 fr. 50 centimes.
Prix d'un fauteuil 298,50 : 15.

Rép. 19 fr. 90 centimes.

2989. *On échange 36 mètres de drap contre 16 mètres de velours soie à 27 fr. le mètre, et 18 fr. : quel est le prix d'un mètre de drap ?*

Prix du velours 16 × 27, soit 432 francs.
   «   drap 432 + 18, soit 450 francs.
   «   mètre de drap 450 : 36.

Rép. 12 fr. 50 centimes.

2990. *Lorsque 2 paires de souliers valent autant que 3 mètres de velours à 8 fr. 50 le mètre, combien valent 17 paires de souliers ?*

Prix du velours 8,50 × 3, soit 25 fr. 50 centimes.
   «   d'une paire de souliers 25,5 : 2, ou 12 fr. 75 centimes.
   «   de 17 paires 12,75 × 17.

Rép. 216 fr. 75 centimes.

2991. *Lorsque 3 paires de gants valent autant que 2 mètres de toile à 2 fr. 25 le mètre, combien aura-t-on de paires de gants pour 31 fr. 50 ?*

Prix de la toile $2 \times 2,25$, soit 4 fr. 50 centimes.
Prix d'une paire de gants 4,50 : 3, ou 1 fr. 50 centimes.
On aura donc 31,50 : 1,50.

Rép. 21 paires de gants.

2992. *On achète un cheval 1050 fr.; après deux ans on le revend avec un bénéfice de 12 pour cent : quelle somme a-t-on retirée ?*

Dans 1 050 fr. il y a 10,5 fois 100 francs.
Le bénéfice est donc $10,5 \times 12$, ou 126 francs.
La somme retirée est $1\,050 + 126$.

Rép. 1 176 francs.

2993. *On achète une voiture 750 fr.; après six mois on la revend avec une perte de 8 fr. pour cent : quelle somme a-t-on retirée de la vente, et combien a-t-on perdu sur le prix d'achat ?*

Dans 750 fr. il y a 7,5 fois 100 francs.
La perte est $7,5 \times 8$.

Rép. 60 francs.

La somme retirée est $750 - 60$.

Rép. 690 francs.

2994. *La fortune d'un commerçant s'augmente chaque année du quart de sa valeur : quelle sera, après 5 ans, la fortune de ce commerçant si elle est aujourd'hui de 24000 fr. ?*

Le quart de 24000 est 6000.
Après un an la fortune sera $24000 + 6000$, ou 30000 francs.
Le quart de 30000 est 30000 : 4, ou 7500.
Après 2 ans elle sera $30000 + 7500$, ou 37500 francs.
Le quart de 37500 est 9375.
Après 3 ans elle sera $37500 + 9375$, ou 46875 francs.
Le quart de 46875 est 11 718,75.
Après 4 ans elle sera $46875 + 11\,718,75$, ou 58593 fr. 75 cent.
Le quart de 58593,75 est 14648,4375.
Après 5 ans elle sera $58593,75 + 14648,4375$.

Rép. 73242 fr. 1875.

2995. *La fortune d'un négociant diminue chaque année du cinquième de sa valeur; aujourd'hui elle est de 60000 fr. : de combien aura-t-elle diminué dans 3 ans ?*

Le cinquième de 60000 est 60000 : 5, ou 12000 francs.
Après un an la fortune sera $60000 - 12000$, ou 48000 francs.

Le cinquième de 48000 est 9600.

Après 2 ans elle sera 48000 — 9600, ou 38400 francs.

Le cinquième de 38400 est 7680.

Après 3 ans elle sera 38400 — 7680, ou 30720 francs.

La diminution sera 60000 — 30720

> **Rép.** 29280 francs.

2996. *Combien y a-t-il de minutes du dimanche à 2 heures du soir au mardi à 8 heures 15 minutes du matin?*

De 2 heures du soir le dimanche, à 8 heures du matin le lundi, il y a 18 heures, soit 18×60, ou 1080 minutes.

Du lundi à 8 heures du matin, au mardi, à la même heure, il y a 24 heures.

24 heures contiennent 24×60, ou 1440 minutes.

Il y aura donc $1080 + 1440 + 15$.

> **Rép.** 2535 minutes.

2997. *Combien y a-t-il de secondes du jeudi à 10 heures et demie du matin au vendredi à 2 heures 45 minutes du soir?*

De jeudi à 10 heures et demie du matin à vendredi à 2 heures et demie du soir il y a 28 heures.

Les 28 heures font 28×60, soit 1680 minutes.

De 2 heures et demie ou 2 heures 30 minutes, à 2 heures 45 minutes il y a $45 — 30$, ou 15 minutes.

En tout il y a donc $1680 + 15$, ou 1695 minutes.

Nombre de secondes 1695×60.

> **Rép.** 101700 secondes.

2998. *Un marchand de chevaux en vend 79 pour 65000 fr. et fait un bénéfice total de 2985 fr. : combien chaque cheval lui avait-il coûté?*

Prix d'achat des chevaux $65000 — 2985$, ou 62015 francs.

Prix d'un cheval $62015 : 79$.

> **Rép.** 785 francs.

2999. *Un marchand vend 75 moutons qui lui coûtaient 1575 fr.; à ce marché il gagne 8 fr. pour cent : quel a été le prix de vente d'un mouton?*

Dans 1575 fr. il y a 15,75 fois 100 francs.

Le bénéfice est donc $15,75 \times 8$, ou 126 francs.

Prix de vente des moutons $1575 + 126$, soit 1701 francs.

Prix de vente d'un mouton $1701 : 75$.

> **Rép.** 22 fr. 68 centimes.

3000. *Une école a 6 classes, chaque classe renferme 8 tables, et chaque table coûte 54 fr. : quel sera le poids de la somme* *d'argent nécessaire pour payer toutes ces tables si 200 francs en monnaie d'argent pèsent 1 kilog. ?*

Nombre de tables 8×6, ou 48 tables.

Prix des tables 48×54, ou 2592 francs.

1 kilogramme vaut 1000 grammes.

Poids d'un franc 1000 : 200, soit 5 grammes.

Poids demandé 2592×5.

Rép. 12960 grammes.

3001. *Pour faire du laiton (cuivre jaune), on fond ensemble 2 kilog. de cuivre rouge et 1 kilog. de zinc : combien y a-t-il de grammes de cuivre et de zinc dans un clairon qui pèse 726 grammes ?*

Dans 3 grammes de laiton il y a 2 grammes de cuivre et 1 gramme de zinc.

Dans 726 grammes il y a 242 fois 3 grammes.

Poids du zinc 242 grammes.

Rép. 242 grammes de zinc.

Poids du cuivre 242×2.

Rép. 484 grammes de cuivre.

3002. *Combien faut-il de kilog. de fer pour ferrer deux fois par mois, pendant un an, 124 chevaux, sachant qu'un fer pèse en moyenne 925 grammes ?*

On ferrera 12×2, ou 24 fois les chevaux.

Nombre de fers pour 1 cheval 4×24, ou 96 fers.

Fers pour tous les chevaux 96×124, soit 11904.

Poids des fers 11904×925.

Rép. 11011 kilogrammes 2.

3003. *Le barrage du Furens, près de Saint-Étienne, contient 1800000 mètres cubes d'eau : combien faudrait-il de jours pour le vider, s'il s'écoule 125 litres par seconde, sachant qu'un mètre cube contient 1000 litres ?*

Pour écouler un mètre cube il faut 1000 : 125, soit 8 secondes.

Pour écouler 1800000 il faudra 1800000×8, ou 14400000 sec.

Nombre de minutes   14400000 : 60, ou 240000.

«   d'heures   240000 : 60, ou   4000.

«   de jours   4000 : 24.

Rép. 166 jours 16 heures.

3004. *Trois associés se partagent à parts égales le bénéfice qu'ils ont fait; on demande quel est ce bénéfice, sachant que l'un d'eux, avec sa part, a pu acheter une maison qui lui coûte 9600 fr., et payer 125 mètres de toile à 2 fr. 15 le mètre ?*

Prix de la toile 125 × 2,15, soit 268 fr. 75 centimes.
Part du 1er 9600 + 268,75, ou 9868 fr. 75 centimes.
Bénéfice total 9868,75 × 3.

Rép. 29606 fr. 25 centimes.

3005. *On a vendu 29 bœufs à raison de 609 fr. la pièce, et l'on fait un bénéfice égal au prix de vente de 4 bœufs : quel était le prix d'achat d'un bœuf ?*

Prix de vente 609 × 29, ou 17661 francs.
Prix de quatre bœufs 609 × 4, ou 2436 francs.
Prix d'achat des bœufs 17661 — 2436, ou 15225 francs.
Prix d'un bœuf 15225 : 29.

Rép. 525 francs.

3006. *Quel est le montant de trois factures, sachant que la première est de 145 fr., que la seconde vaut 2 fois la première et encore 90 fr., et que la troisième vaut les trois quarts de la seconde ?*

Montant de la 2e 145 × 2 + 90, soit 380 francs.
Le quart de 380 est 95.
Les 3 quarts sont 285.
Montant des factures 145 + 380 + 285.

Rép. 810 francs.

3007. *Un libraire achète 840 volumes à raison de 58 fr. les 14, et il les vend à raison de 61 fr. les 12 : quel est son bénéfice total ?*

14 est contenu 60 fois dans 840.
Prix d'achat 60 × 58, soit 3480 francs.
12 est contenu 70 fois dans 840.
Prix de vente 70 × 61, soit 4270 francs.
Bénéfice 4270 — 3480.

Rép. 790 francs.

3008. *Un marchand achète des parapluies à raison de 22 fr. les 4, et il les revend à raison de 31 fr. les cinq ; à ce marché il gagne 20 fr. 30 : combien avait-il acheté de parapluies ?*

Prix d'achat d'un parapluie 22 : 4, ou 5 fr. 50 centimes.
Prix de vente 31 : 5, ou 6 fr. 20 centimes.
Bénéfice sur un parapluie 6,20 — 5,50, soit 0 fr. 70 centimes.
Nombre de parapluies 20,30 : 0,70.

Rép. 29 parapluies.

3009. *On achète 48 kilog. de groseilles à raison de 0 fr. 45 le kilog. ; on y ajoute 25 kilog. de sucre à 1 fr. 45 le kilog., et l'on obtient ainsi 84 pots de gelée que l'on vend 1 fr. 65 le pot : combien gagnera-t-on si chaque pot vide coûte 15 centimes ?*

Prix des groseilles   48 × 0,45, soit 21 fr. 60
 «   du sucre   25 × 1,45,   «   36 fr. 25
 «   des pots vides   84 × 0,15,   «   12 fr. 60

          Dépense totale. . . . .   70 fr. 45
Prix de vente 84 × 1,65, ou 138 fr. 60 centimes.
Bénéfice 138,60 — 70,45.

  Rép. 68 fr. 15 centimes.

3010. *On achète 525 coings à raison de 4 centimes la pièce;
on les soumet au pressoir et l'on ajoute au jus 48 kilog. de sucre
à 1 fr. 45 le kilog.; on en retire 84 litres d'eau de coings :
combien doit-on vendre le litre pour gagner en tout 56 fr. 40?*

Prix des coings   525 × 0,04, soit 21 fr.
 «   du sucre   48 × 1,45,   «   69 fr. 60
Bénéfice à réaliser. . . . .   56 fr. 40

          Prix de vente. . . . . . .   147 francs.
Prix du litre 147 : 84.

  Rép. 1 fr. 75 centimes.

3011. *Un brocanteur achète des chaises qu'il croit antiques
et les paye 15 fr. les 2; il s'aperçoit qu'elles sont modernes, et il
ne peut les revendre qu'à raison de 17 fr. les 4; à ce marché il
perd 39 fr. : combien avait-il acheté de chaises ?*

Prix d'achat d'une chaise 15 : 2, soit 7 fr. 50 centimes.
Prix de vente   17 : 4,   «   4 fr. 25 centimes.
Perte sur une chaise 7,50 — 4,25, ou 3 fr. 25 centimes.
Nombre de chaises 39 : 3,25.

  Rép. 12 chaises.

3012. *Un particulier loue un étang 225 fr. par an; après
3 ans il en fait la pêche et retire 1 820 carpes, qu'il vend 2 fr.
les cinq, 1 540 tanches qu'il vend 4 fr. les sept, 48 brochets qu'il
vend 2 fr. les trois, et 28 anguilles qu'il vend 1 fr. 50 chacune :
quel a été son bénéfice annuel s'il a payé 145 fr. pour faire pé-
cher l'étang ?*

Prix du loyer   225 × 3, soit 675 francs.
Dépense pour la pêche. . . . . 145 francs.

          Dépense totale. . . . . . . 820 francs.
Dans 1 820 il y a 364 fois 5.
Prix des carpes 364 × 2, ou 728 **francs.**
Dans 1 540 il y a 220 fois 7.
Prix des tanches 220 × 4, ou 880 francs.
Dans 48 il y a 16 fois 3.
Prix des brochets 16 × 2, ou 32 **francs.**

Prix des anguilles 28 × 1,50, ou 42 francs.
Argent retiré 728 + 880 + 32 + 42, soit 1682 francs.
Bénéfice total 1682 — 820, ou 862 francs.
Bénéfice annuel 862 : 3.

Rép. 287 fr. 33 centimes.

3013. *Un marchand achète 180 mètres de toile de coton à raison de 90 centimes le mètre, il en fait confectionner 108 caleçons, pour la façon desquels il paye 54 fr. : combien doit-il vendre chaque caleçon pour gagner en tout 48 fr. 60?*

Prix d'achat 180 × 0,90, ou 162 fr.
Confection..................... 54 fr.
Bénéfice à réaliser......... 48 fr. 60

Prix de vente...... 264 fr. 60
Prix d'un caleçon 264,60 : 108.

Rép. 2 fr. 45 centimes.

3014. *Un bassin renferme 23100 litres d'eau, un robinet en laisse écouler 84 litres par minute; mais une petite fontaine verse dans le bassin 7 litres dans le même temps. On demande dans combien d'heures le bassin sera entièrement vidé.*

Par minute le bassin diminue de 84 — 7, ou 77 litres.
Nombre de minutes 23100 : 77, soit 300.
Nombre d'heures 300 : 60.

Rép. 5 heures.

3015. *Pour carreler un appartement on a employé 6912 carreaux en mosaïque : combien a coûté le travail s'il faut 64 carreaux pour faire 1 mètre carré, et que le mètre carré coûte 7 fr. 50 d'achat et 2 fr. 25 de pose?*

6912 contient 108 fois 64; il y a donc 108 mètres carrés.
Prix du mètre carré 7,50 + 2,25, ou 9 fr. 75 centimes.
Le travail a coûté 108 × 9,75.

Rép. 1053 francs.

3016. *Pour parqueter un salon un menuisier a fourni 3956 petites planches en chêne : dire quelle somme coûte le parquet, s'il faut 92 petites planches pour parqueter 3 mètres carrés, et que le mètre carré revient à 12 fr. 50 tout posé?*

3956 contient 43 fois 92.
Nombre de mètres carrés 43 × 3, ou 129.
Dépense totale 129 × 12,5.

Rép. 1612 fr. 50 centimes.

3017. *Un libraire achète 390 volumes à raison de 53 fr. 50 les treize : combien doit-il vendre chaque volume pour gagner 26 pour cent sur le prix d'achat?*

390 contient 30 fois 13.
Prix d'achat 58,50 × 30, ou 1 755 francs.
Dans 1 755 fr. il y a 17,55 fois 100 fr.
Bénéfice 17,55 × 26, ou 456 fr. 30 centimes.
Prix de vente 1 755 + 456,30, soit 2 211 fr. 30 centimes.
On doit vendre le volume 2 211,30 : 390.
   Rép. 5 fr. 67 centimes.

3018. *Lorsque 8 kilogrammes de farine donnent 11 kilo-grammes de pain qu'on vend 35 centimes le kilogramme, quelle sera la valeur du pain qu'on pourra faire avec 1 640 kilogrammes de farine ?*

1 640 kilog. contient 205 fois 8 kilog.
Nombre de kilogrammes de pain 205 × 11, soit 2 255 kilog.
Valeur du pain 2 255 × 0,35.
   Rép. 789 fr. 25 centimes.

3019. *Lorsque 8 kilog. de blé donnent 7 kilog. de farine et 1 kilog. de son, quel est le poids de farine et de son que donne-ront 18 sacs de blé pesant chacun 52 kilogrammes ?*

Poids du blé   52 × 18, ou 936 kilogrammes.
936 kilog. contient 117 fois 8 kilog.
Poids du son 117 kilogrammes.
   Rép. 117 kilogrammes.

Poids de la farine 117 × 7.
   Rép. 819 kilogrammes.

3020. *Un jardinier apporte au marché 1 200 artichauts, il vend le premier tiers à raison de 10 fr. 50 le cent, le second à raison de 9 fr. 50 le cent; quant au reste, il le vend à raison de 12 centimes l'artichaut : quelle somme a-t-il retirée de sa vente ?*

Le tiers de 1 200 est 400.
Vente du 1ᵉʳ tiers   10,5 × 4,   ou   42 francs.
   «   2ᵉ   «   9,5 × 4,   ou   38 francs.
   «   3ᵉ   «   0,12 × 400, ou   48 francs.

         Somme retirée . . . .   128 francs.
   Rép. 128 francs.

3021. *Un cheval mange par jour 3 litres d'avoine à raison de 12 centimes le litre, et 4 bottes de foin du prix de 40 centimes la botte : dire combien coûte la nourriture de 5 chevaux pendant 17 semaines.*

17 semaines font 17 × 7, ou 119 jours.
Prix de l'avoine pour un cheval   3 × 0,12, ou   0 fr. 36
   «   du foin   «   4 × 0,40, ou   1 fr. 60

         Dépense pour un cheval . . . .   1 fr. 96
Dépense pour 5 chevaux 1,96 × 5, ou 9 fr. 80 centimes.
Dépense totale 9,80 × 119.
   Rép. 1 166 fr. 20 centimes.

3022. *Un particulier achète un cheval 1400 fr., et une voiture 1100 fr., il revend l'un et l'autre, gagne 9 pour cent sur le cheval, et perd 6 pour cent sur la voiture : quel bénéfice a-t-il réalisé ?*

1400 contient 14 fois 100.
1100   «   11 «   100.
Bénéfice sur le cheval 14×9, soit   126 francs.
Perte sur la voiture 11×6, *   66 francs.
Bénéfice réalisé 126 — 66.

   Rép. 60 francs.

3023. *Une pierre de taille du poids de 5750 kilog. est estimée à raison de 2 fr. 80 les 100 kilog., mais une veine qu'elle a lui fait perdre 15 pour cent de sa valeur : combien vaut alors la pierre ?*

5750 contient 57,5 fois 100.
Prix de la pierre $57,5 \times 2,80$, soit   161 francs.
Perte $1,61 \times 15$,   «   24 fr. 15 centimes
Valeur de la pierre   161 — 24,15

   Rép. 136 fr. 85 centimes.

3024. *Un marchand achète 630 litres de vin qui lui coûtent 300 fr., il y met 10 litres d'eau-de-vie du prix de 1 fr. 50 le litre : combien doit-il vendre le litre de mélange pour gagner 15 pour cent ?*

Prix d'achat du vin.............   300 francs.
Prix de l'eau-de-vie $10 \times 1,50$, soit   15 francs.
____
Prix de revient.................   315 francs.
Bénéfice à réaliser $3,15 \times 15$, ou 47 fr. 25 centimes.
Prix de vente 315 + 47,25, soit 362 fr. 25 centimes.
Nombre de litres 630 + 10, ou 640.
Prix de vente du litre 362,25 : 640.

   Rép. 0 fr. 566.

3025. *Que doit-on payer pour 12600 rails, sachant que chaque rail pèse 250 kilog., et que l'on paye le tout à raison de 178 fr. 50 les 1000 kilog. ?*

Poids des rails 12600×250, soit 3150000 kilogrammes.
Nombre de milliers de kilogrammes 3150.
On doit payer $3150 \times 178,50$.

   Rép. 562275 francs.

3026. *Pour creuser un puits on a tiré 17 mètres cubes de terre : dire ce que l'on a déboursé, sachant que le premier mètre a coûté 1 fr., le deuxième 1 fr. 50, le troisième 2 fr., et ainsi de suite, en augmentant le prix de 50 centimes par mètre ?*

Le prix sera la somme des nombres :

$$1 + 1,50 + 2 + 2,50 + 3 + 3,50 + 4 + 4,50 + 5 + 5,50$$
$$+ 6 + 6,50 + 7 + 7,50 + 8 + 8,50 + 9.$$

Rép. 85 francs.

3027. *S'il faut 77 litres de lait pour donner 3 kilog. de beurre que l'on vend 2 fr. 45 le kilog., quelle quantité de lait faudra-t-il pour qu'on puisse faire pour 36 fr. 75 de beurre?*

Prix de 3 kilogrammes de beurre $2,45 \times 3$, ou 7 fr. 35 cent.
36 fr. 75 contient 5 fois 7 fr. 35.
Il faudra donc 5 fois 77 litres.

Rép. 385 litres.

3028. *Pour obtenir 1 mètre cube de mortier, il faut pour 6 fr. 40 de chaux et pour 75 centimes de sable : combien aura-t-on de mètres cubes de mortier pour 530 fr. 70, si l'on paye 2 fr. par mètre cube pour la fabrication?*

Prix du mètre cube $6,40 + 0,75 + 2$, soit 9 fr. 15 centimes.
Autant de fois 9 fr. 15 seront contenus dans 530 fr. 70, autant on aura de mètres cubes $530,70 : 9,15$.

Rép. 58 mètres cubes.

3029. *Un mètre cube de houille pris à la mine coûte 19 fr. et pèse 1 200 kilog.; on la vend 2 fr. 15 l'hectolitre pesant 84 kilog.: on demande ce que l'on gagnera sur la vente de 14 mètres cubes.*

14 mètres cubes pèsent $1 200 \times 14$, soit 16 800 kilogrammes.
Nombre d'hectolitres $16 800 : 84$, ou 200 hectolitres.
Prix de vente $2,15 \times 200$, soit   430 francs.
   «   d'achat 19×14,   «   266 francs.
Bénéfice $430 - 266$

Rép. 164 francs.

3030. *Un mètre cube de houille coûte 26 fr. 5 et pèse 1 258 kilog.; on la vend 3 fr. 20 l'hectolitre pesant 85 kilog. : on demande ce que l'on gagnera sur la vente de 222 hectolitres.*

Dans 1 258 kilogrammes il y a $1 258 : 85$, soit 14,8 hectolitres.
Autant de fois 14,8 sera contenu dans 222, autant de mètres cubes on aura vendus $222 : 14,8$, soit 15 mètres cubes.
Prix de vente $222 \times 3,20$, soit   710 fr. 40 centimes.
   «   d'achat $15 \times 26,5$,   «   397 fr. 50 centimes.
Bénéfice $710,40 - 397,50$

Rép. 312 fr. 90 centimes.

3031. *Pour cultiver un champ on a employé 120 fr. d'engrais et 36 journées de travail à 4 fr. 50; on a récolté 130 hectolitres de pommes de terre : combien doit-on vendre l'hectolitre si l'on veut gagner 140 fr. 50 centimes?*

Prix de l'engrais..............   120 francs.
 «   des journées 36 × 4,5 , soit   162 francs.
Bénéfice à réaliser.............   140 fr. 50
                                    ──────────
          Prix de vente........   422 fr. 50
On doit vendre l'hectolitre 422,5 : 130.

Rép. 3 fr. 25 centimes.

3032. *Un litre de vin pèse 992 grammes, alors qu'un litre d'huile ne pèse que 915 grammes : combien pèserait un tonneau plein d'huile, sachant que ce tonneau plein de vin pèse 250 kilog., et que le poids du tonneau vide est de 26 kilog. 800?*

Poids du vin 250 — 26.800, soit 223 kilog. 200.
Nombre de litres du tonneau 223,200 : 0,992, ou **225** litres.
Poids de l'huile 225 × 0,915, soit   205 kilog. 875
Poids du tonneau vide..........   26 kilog. 800
                                    ──────────
Poids demandé.................,   232 kilog. 675

Rép. 232 kilogrammes 675.

3033. *On sait que 15 kilog. de betteraves donnent 1 kilog. de sucre qu'on vend 1 fr. 35 : quelle sera la valeur du sucre qu'on retirera de 860 hectolitres de betteraves, si chaque hectolitre pèse 72 kilogrammes ?*

Poids des betteraves 72 × 860, ou 61 920 kilogrammes.
61 920 kilog. contiennent 4128 fois 15 kilog.
Poids du sucre 4 128 kilogrammes.
Prix du sucre 4128 × 1,35.

Rép. 5572 fr. 80 centimes.

3034. *Deux sacs pesant chacun 3 kilog. renferment l'un des pièces d'or, l'autre des pièces d'argent : combien le second contient-il de francs de moins que le premier, sachant qu'à poids égal la monnaie d'or vaut 15,5 fois plus que la monnaie d'argent?*

3 kilog. font 3000 grammes.
Valeur de ce poids en argent 3000 : 5, soit **600 francs.**
Valeur du sac d'or 600 × 15,5 , ou 9300.
Différence 9 300 — 600)

Rép. 8700 francs.

3035. *Quatre associés ont frété (loué) un navire 4800 fr. pour deux mois; ce navire a fait trois voyages à Odessa, sur la mer Noire, et a acheté chaque fois 5200 sacs de blé au prix de 19 fr. 50. Quel a été le bénéfice de chaque associé, sachant que le blé a été vendu 20 fr. 75 le sac et que la dépense pour chaque voyage a été de 3625 fr.?*

Prix du blé 5200 × 19,50, soit   101 400 francs.
Autres dépenses...............   3625 francs.
                                   ──────────
     Total pour un voyage....   105 025 francs.

Pour 3 voyages 105025 × 3, ou 315075.
Prix du fret 4800 francs.
Dépense générale pour 2 mois 315075 + 4800, soit 319875 fr.
Prix de vente du blé 5200 × 3 × 20,75, ou 323700 francs.
Bénéfice total 323700 — 319875, soit 3825 francs.
Bénéfice de chaque associé 3825 : 4.

Rép. 956 fr. 25 centimes.

3036. *Un particulier a loué le péage d'un pont suspendu 3100 fr. par an. Quel est son bénéfice journalier, s'il passe en moyenne, chaque mois, 3875 personnes et 745 voitures, sachant que les personnes payent 5 centimes par passage et les voitures 25 centimes ? L'année sera comptée de 365 jours.*

Péage des personnes 3875 × 0,05, soit   193 fr. 75
  «   voitures   745 × 0,25, «   186 fr. 25

        Total pour un mois....... 380 francs.
Total pour 12 mois   380 × 12, ou 4560 francs.
Bénéfice journalier 4560 : 365.

Rép. 12 fr. 49 centimes.

3037. *Un particulier achète la vendange d'un vigneron et la paye sur place 1045 fr.; pour la récolter il dépense 142 fr. Il retire de cette vendange 14 tonneaux de vin qu'il vend 89 fr. 75 le tonneau, et 840 litres de petit vin qu'on lui achète à raison de 17 fr. 50 l'hectolitre. Combien aura-t-il gagné ?*

Prix d'achat...................... 1045 francs.
Dépense pour récolter........... 142 francs.

        Total....... 1187 francs.
Vente du vin 89,75 × 14, ou 1256 fr. 50 centimes.
  «   petit vin 8,4 × 17,5, ou 147 francs.
Prix de vente 1256,50 + 147, soit 1403 fr. 50 centimes.
Bénéfice 1403,50 — 1187.

Rép. 216 fr. 50 centimes.

3038. *Un fermier a 6800 gerbes à battre ; s'il se sert de fléaux il lui faut 6 ouvriers pendant 15 jours, à raison de 2 fr. par jour et leur nourriture, estimée 1 fr. 80 ; s'il emploie une machine à battre, il ne lui faut que 3 jours à raison de 95 fr. par jour. Combien épargne-t-il d'argent en faisant battre son blé à la machine ?*

Dépense par le battage au fléau :
1 ouvrier coûte par jour 2 + 1,80, soit 3 fr. 80 centimes.
6 ouvriers coûteront par jour 3,80 × 6, ou 22 fr. 80 centimes.
Et en 15 jours   22,8 × 15, soit.............. 342 francs.
Dépense par le battage à la machine 95 × 3, soit   285 francs.
Somme épargnée 342 — 285

Rép. 57 francs.

3039. *Une diligence conduit en moyenne 9 voyageurs par jour, à raison de 9 fr. 75 par voyageur. Quel bénéfice annuel fait le propriétaire de la diligence, s'il entretient 17 chevaux à 2 fr. 45 par jour, et qu'il paye 2 conducteurs à 5 fr. 25 par jour, 4 valets d'écurie à 2 fr. 25, 2 chefs de bureau à 1225 fr. chacun par an, et deux autres à 900 fr., et que les impôts et autres frais s'élèvent à 550 fr.?*

Produit par jour 9,75 × 9, soit 87 fr. 75 centimes.

   «   par an 87,75 × 365, soit 32028 fr. 75 centimes.

  Dépense par année :

Chevaux	17 × 2,45 × 365, soit	15202 fr. 25
Conducteurs	2 × 5.25 × 365, «	3832 fr. 50
Valets d'écurie	4 × 2.25 × 365, «	3285 fr.
Chefs de bureau	2 × 1225, «	2450 fr.
«	2 × 900,	1800 fr.
Impôts et frais divers....................		550 fr.
Total...........		27119 fr. 75

Bénéfice annuel 32028,75 — 27119,75.

Rép. 4909 francs.

3040. *Un cultivateur et ses deux fils louent une ferme 950 fr. pour l'année. Ils dépensent en engrais 370 fr., en semailles 90 fr., en achat et réparations d'instruments 140 fr. Ils retirent de leur ferme 93 sacs de froment, qu'ils vendent 25 fr. le sac, et 16 chars de fourrage qu'on leur paye 31 fr. l'un. On demande à combien est estimée la journée de travail de chacun de ces trois hommes. On comptera dans l'année 305 jours de travail.*

Dépense annuelle 950 + 370 + 90 + 140, ou 1550 francs.

Prix du blé   93 × 25, ou   2325 francs.

  «   fourrage 16 × 31, ou   496 francs.

       En tout........   2821 francs.

Bénéfice 2821 — 1550, soit 1271 francs.

Prix de la journée 1271 : 305, ou 4 fr. 16 centimes.

Prix pour un homme 4,16 : 3.

Rép. 1 fr. 38 centimes.

3041. *Un marchand va de Paris à Châlons, en Champagne, et achète 1500 moutons à raison de 16 fr. 25 l'un; pour les amener à Paris il fait 6 bandes, et confie chacune d'elles à un conducteur. Le voyage dure 5 jours, et chaque conducteur dépense 25 fr. 75 par jour pour le troupeau, et 4 fr. 25 pour lui. Combien gagnera le marchand, sachant que 4 moutons sont morts en route, qu'il vend les autres 17 fr. 75 la pièce, qu'il donne 12 fr. à chaque conducteur pour gratification, et qu'il a pour 145 fr. de menus frais?*

Prix d'achat $1500 \times 16,25$, soit   24375 francs
Dépense des conducteurs $6 \times 5 \times 4,25$ «   127 fr. 50
    «   pour le troupeau $6 \times 5 \times 25,75$,   «   772 fr. 50
Gratification 6×12 «   72 fr.
Menus frais ....   145 fr.
           Dépense totale ....   25492 fr.

Prix de vente $1496 \times 17,75$, ou 26554 francs.
Bénéfice $26554 - 25492$.

   Rép. 1062 francs.

FIN

TABLE DES MATIÈRES

2315.   Tours, impr. Mame.